"十四五"普通高等教育力学基础课程新形态系列教材

实验应力分析

主　编◎陈　余
副主编◎姜爱峰　董鹏飞

中国铁道出版社有限公司
CHINA RAILWAY PUBLISHING HOUSE CO., LTD.

内 容 简 介

本书根据高等学校实验力学课程教学基本要求,结合内蒙古工业大学力学实验教学示范中心(内蒙古自治区级实验教学示范中心)多年来工程力学专业本科"力学实验"及力学专业硕士研究生"实验力学"课程的实践教学经验,在原自编教材基础上编写而成。全书包括绪论以及实验项目、实验报告,涵盖基础性实验和综合性实验。

本书开发了配套的仿真实验软件,在实验教学中可以独立使用仿真软件完成线上实验教学,也可在实验室进行虚拟实验教学,还可以与实验仪器配合进行混合式实验教学。

本书适合作为普通高等学校理工科院校力学专业本科"力学实验"课程教材,也可作为力学专业硕士研究生"实验力学"课程教材,还可供工程技术人员参考。

图书在版编目(CIP)数据

实验应力分析 / 陈余主编. -- 北京:中国铁道出版社有限公司, 2024. 12. --("十四五"普通高等教育力学基础课程新形态系列教材). -- ISBN 978-7-113-31617-4

Ⅰ. TH132

中国国家版本馆 CIP 数据核字第 202483QG79 号

书　　名:	实验应力分析	
作　　者:	陈　余	
策　　划:	侯　伟　曾露平	编辑部电话:(010) 63551926
责任编辑:	曾露平　徐盼欣	
封面设计:	高博越	
责任校对:	刘　畅	
责任印制:	赵星辰	

出版发行:中国铁道出版社有限公司(100054,北京市西城区右安门西街 8 号)
网　　址:https://www.tdpress.com/51eds
印　　刷:北京铭成印刷有限公司
版　　次:2024 年 12 月第 1 版　2024 年 12 月第 1 次印刷
开　　本:787 mm×1 092 mm　1/16　印张:9　字数:217 千
书　　号:ISBN 978-7-113-31617-4
定　　价:35.00 元

版权所有　侵权必究

凡购买铁道版图书,如有印制质量问题,请与本社教材图书营销部联系调换。电话:(010) 63550836
打击盗版举报电话:(010) 63549461

"十四五"普通高等教育力学基础课程新形态系列教材

编审委员会

主任委员: 沈火明（西南交通大学）

委　　员: 叶红玲（北京工业大学）

　　　　　　吴　莹（西安交通大学）

　　　　　　李永强（东北大学）

　　　　　　王元勋（华中科技大学）

　　　　　　张晓晴（华南理工大学）

　　　　　　龚　晖（西南交通大学）

　　　　　　王钦亭（河南理工大学）

前　言

本书根据高等学校实验力学课程教学基本要求，结合内蒙古工业大学力学实验教学示范中心（内蒙古自治区级实验教学示范中心）多年来工程力学专业本科"力学实验"及力学专业硕士研究生"实验力学"课程的实践教学经验，在原自编教材基础上编写而成。

全书共16个实验项目，其中"电阻应变片粘贴技术"按照4学时设计，其余实验项目按照2学时设计。本书所涉及的实验项目是内蒙古工业大学力学专业硕士研究生和工程力学专业本科生的必修实验项目，实验项目的设计注重逻辑性和系统性，内容精练，循序渐进，可作为普通高等学校理工科院校力学专业本科"力学实验"教材及力学专业硕士研究生"实验力学"配套的课程教材。鉴于线上-线下混合式教学模式的发展，全书除了"电阻应变片粘贴技术"实验项目之外，其余实验项目均开发了用于线上实验教学的配套仿真软件，学习者可以在中国铁道出版社教育资源数字化平台 https://www.tdpress.com/51eds 下载使用。在实验教学中可以独立使用仿真软件完成线上实验教学，也可在实验室进行虚拟实验教学，还可以与实验仪器配合进行混合式实验教学。仿真软件可在实验室进行，也可在其他任何地方进行，不受实验环境的限制。

本书由内蒙古工业大学陈余任主编，由内蒙古工业大学姜爱峰和呼和浩特民族学院董鹏飞任副主编。本书的仿真软件全部由董鹏飞设计、开发、调试。

在本书编写过程中，内蒙古工业大学理学院力学系全体教师为本书提出了宝贵的意见，在此表示衷心的感谢。

由于编者水平有限，书中难免存在疏漏和不妥之处，敬请广大读者批评指正。

编　者
2024年5月

目　录

绪论 1

第一篇　实验项目 3

实验一　Origin 绘图 3
实验二　应用 MATLAB 拟合经验公式 17
实验三　电阻应变测量技术 23
实验四　电阻应变片灵敏系数测定 31
实验五　电阻应变片横向效应系数测定 37
实验六　等强度梁应力研究 44
实验七　电阻应变片粘贴技术 48
实验八　等量加载法测量材料常数——轴向拉伸 52
实验九　偏心压缩 56
实验十　平面应力状态测量——主方向已知 61
实验十一　平面应力状态测量——主方向未知 65
实验十二　弯扭组合变形内力分离 71
实验十三　压弯组合变形内力分离 76
实验十四　光弹仪调整与材料条纹值标定 81
实验十五　对径受压圆盘应力分析 89
实验十六　应力集中系数测量 95

第二篇　实验报告 99

实验一　Origin 绘图 100
实验二　应用 MATLAB 拟合经验公式 103
实验三　电阻应变测量技术 106
实验四　电阻应变片灵敏系数测定 108
实验五　电阻应变片横向效应系数测定 110
实验六　等强度梁应力研究 112
实验七　电阻应变片粘贴技术 114
实验八　等量加载法测量材料常数——轴向拉伸 116
实验九　偏心压缩 118
实验十　平面应力状态测量——主方向已知 120
实验十一　平面应力状态测量——主方向未知 122

实验十二　弯扭组合变形内力分离……………………………………………124
实验十三　压弯组合变形内力分离……………………………………………126
实验十四　光弹仪调整与材料条纹值标定……………………………………128
实验十五　对径受压圆盘应力分析……………………………………………130
实验十六　应力集中系数测量…………………………………………………133

参考文献……………………………………………………………………………135

绪　　论

一、实验应力分析在"实验力学"课程中的地位

实验应力分析是"实验力学"课程的重要组成部分。实验分析和理论计算是解决各种工程中的力学问题常用的方法,两种方法相辅相成。实验的设计和实施必须以理论分析作为指导,新理论的提出和理论计算结果需要实验结果的支持和验证。在解决工程实际问题时,理论方法提供了理论计算的基本方程式,能够对一些简单的问题给出精确解,但是对于几何形状或者载荷情况比较复杂的工程构件,常常遇到数学计算方面的困难,采用理论方法往往需要进行一些假设和理想化,因此所得结果均为近似值,此时必须进行实验验证。

实验应力分析是用实验分析方法确定构件在受力情况下的应力状态的学科,是一门与工程实际联系密切的学科。实验应力分析的任务是研究处于不同环境中的构件在载荷作用下其内力、位移、应力、应变的变化规律,为合理地选择构件的几何尺寸和截面形状提供依据,使强度设计达到既经济又安全的目的。实验分析方法既可以用于研究基本规律,为发展新理论提供依据,又是提高工程设计质量、进行失效分析的重要手段。其特征是用实验的手段对各种理论问题进行研究,得到第一性的认识,并据此总结出规律(定理、定律、公式、理论),建立以力学模型为表征的理论。

实验分析方法相对于理论分析方法,具有很强的实践性和更高的可靠性。它不但对理论计算做出贡献,而且能有效解决许多理论工作不能解决的工程实际问题,在应力分析中有其独特的作用,因此它不可能被理论所替代。但是,也应该看到实验应力分析方法的局限性,由于某一点的应力是作为一种极限过程求得的,其应变实际上是位移导数的函数,因此实验不论在模型上还是在实物上所得的结果均包含理想化和近似的因素。同时,由于测试技术的局限,在某些特殊环境条件下,现在还无法进行实验。

二、实验项目

根据力学实验课程,全书设计了16个实验项目,共34学时,实验项目分为三个大类。实验项目的设计注重逻辑性和系统性,内容精练,循序渐进,通过系统的实验项目,提升并达到熟练应用实验方法分析力学问题的能力。

1. 培养基本实验技能的实验

目的在于让学生掌握最基本的实验技能,能够将实验数据绘制成科学、直观的实验曲线,能够根据实验数据拟合出数据间所满足的函数关系,根据这两个因素设计了Origin绘图实验与MATLAB拟合经验公式实验。

2. 电阻应变测量实验

电阻应变测量技术是进行应力分析的重要实验方法,在工程中得到大量的应用,因此本书设计了11个相关实验,通过系统化的实验项目设计,达到使学生成熟运用电阻应变测量技术

的目的。

3. 光弹性实验

光弹性实验是运用光学原理研究弹性力学问题的一种应力分析方法,本书设计了三个光弹性实验。

三、仿真实验

针对本书中的实验项目,设计了一款配套的仿真实验软件"实验应力分析仿真实验软件",如图 0-1-1 所示,除了电阻应变片粘贴技术实验以外,其余 15 个实验项目均有对应的仿真软件,单击软件主界面上的实验项目,即可进入相应的仿真实验界面。

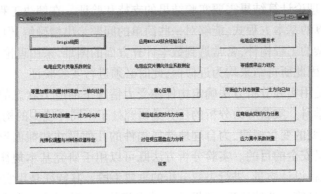

图 0-1-1　实验应力分析仿真实验软件主界面

软件无须安装,将"实验应力分析仿真实验软件.zip"解压即可运行。解压后文件夹中包含"实验应力分析仿真实验软件.exe"文件和"图片"文件夹,使用时需要将"实验应力分析仿真实验软件.exe"文件和"图片"文件夹放置于同一个文件目录下,否则软件会因为调用图片失败而停止运行。

仿真软件在设计时利用随机数设置了适量的随机误差,以达到模拟真实实验的效果,在教学使用时可以与实体实验一样,进行多次仿真,获得多组实验数据,要求学生观察多组数据的精密度,求解其算术平均值、标准误差,提升学生对随机误差的理解和分析能力。

四、实验须知

为了实验能够顺利进行,达到预期的实验目的,应注意以下事项:

(1)实验前,必须认真预习相关理论知识,了解本次实验的目的,了解所使用仪器的基本原理和操作规程,明确实验内容和实验步骤。

(2)按照课表指定时间进入实验室,完成相应的实验项目。

(3)进入实验室,严格遵守实验室规章制度,遵守仪器的操作规程,未经指导教师同意不得动用与本实验无关的仪器设备。

(4)实验时要严肃认真、相互配合,密切观察实验现象,认真、完整、真实地记录实验原始数据。

(5)实验完成后,在规定时间内,每人提交一份实验报告,实验报告要整齐规范,独立完成。

第一篇　实验项目

实验一　Origin 绘图

将实验数据用曲线表示出来是实验工作人员和科研人员必须具备的基本技能,实验曲线的表示要求作图精确,能够正确反映实验规律。作图如果不精确会带来严重的误差,甚至会歪曲实验所揭示的规律。

一、实验目的

掌握 Origin 绘图的基本方法。

二、实验软件

实验用到的软件见表 1-1-1。

表 1-1-1　实验软件

序　号	名　　称
1	Origin 2018 中文版

三、Origin 2018 中文版简介

Origin 是一款强大的数据分析软件,结合了信号处理、数据处理、信息统计、图形和报告等功能,在 Origin 中,可以快速绘制 2D 图形、统计图、等高线图、专业图、函数图等。

Origin 是一款针对科研人员及实验人员的需求量身定制的带有强大数据分析功能和专业品质绘图能力的应用软件。

四、Origin 绘制曲线的基本方法与步骤

1. 单曲线绘制方法

(1)散点图绘制方法

实验数据若为数量较少的离散点,用图形表示实验数据时可以采用散点图表示,如等量加载法获得了某试件拉伸时的应力和应变数据,见表 1-1-2。

表 1-1-2　试件拉伸时的应力和应变数据

$\varepsilon/\mu\varepsilon$	0	100	200	300	400	500	600	700	800	900	1 000
σ/MPa	0	10	20	50	80	110	120	125	130	125	110

根据上述数据绘制应力-应变关系的散点图，绘图时横轴为应变，纵轴为应力，具体过程如下：首先运行 Origin 2018，在 Origin 的 Book 文件中，第一列为应变，第二列为应力，将上述数据填入 Book 文件，如图 1-1-1 所示。

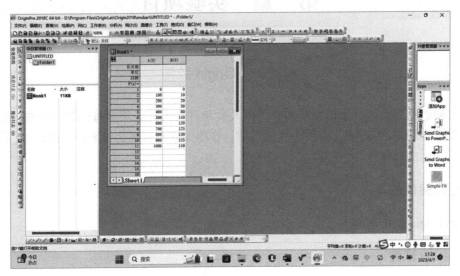

图 1-1-1　将应力、应变数据填入 Origin 的 Book 文件

将 Book 文件的列设置为 XY 模式，具体方法为：选中两列数据，右击并选择"设置为"→"XY XY"命令，即可将第一列设置为 x 轴，第二列设置为 y 轴，如图 1-1-2 所示。

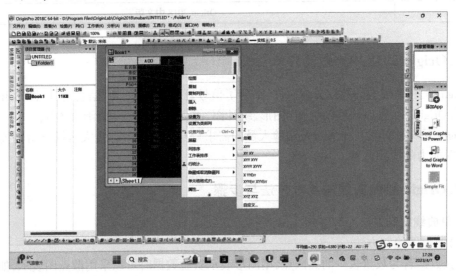

图 1-1-2　将数据设置为 XY 模式

设置完成后 Book 文件中的第一列便定义为 x 轴，第二列定义为 y 轴。再次选中两列数据，在软件左下角找到散点图图标，如图 1-1-3 所示，单击即可完成散点图的绘制。绘制的散点图如图 1-1-4 所示，此时，得到的图片很原始，需要对其坐标轴范围、字体、字号等进行设置，即可将图片美化，美化后的图片如图 1-1-5 所示。

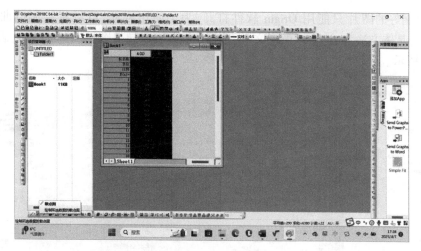

图 1-1-3　绘制散点图图标

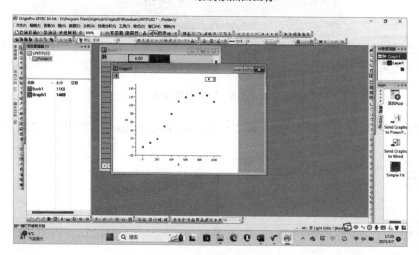

图 1-1-4　绘制的散点图

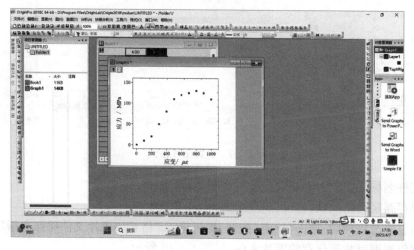

图 1-1-5　美化后的散点图

此时绘制好的图片只能用 Origin 软件打开,为了使用方便,可以将绘制的曲线保存为 *.jpg 格式,具体方法为:选中该图形文件,选择"文件"→"导出图形"→"打开对话框"命令,如图 1-1-6 所示。

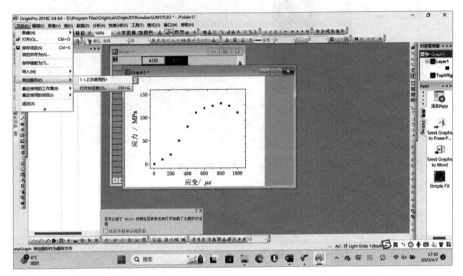

图 1-1-6　导出图形菜单

修改图像类型为联合照片专家组,即"*.jpg,*.jpe,*.jpeg",如图 1-1-7 所示。

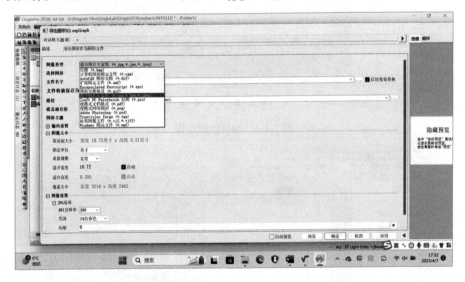

图 1-1-7　设置图片格式

修改文件名称为"应力-应变散点图",如图 1-1-8 所示。

文件保存路径可以默认,也可以修改,如图 1-1-9 所示。

基本信息修改完成后,单击"确定"按钮,即可将 jpg 格式的图片文件保存在指定位置。打开文件保存位置即可找到保存的图片文件,如图 1-1-10 所示。

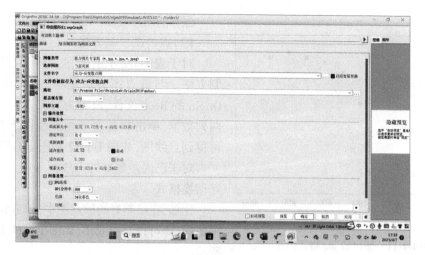

图 1-1-8　修改图片名称

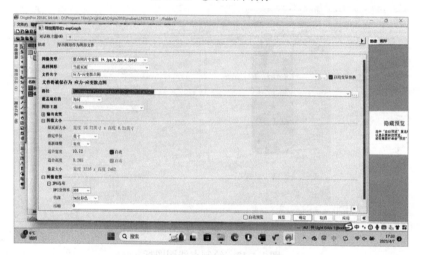

图 1-1-9　设置图片文件保存路径

图 1-1-10　保存的图片

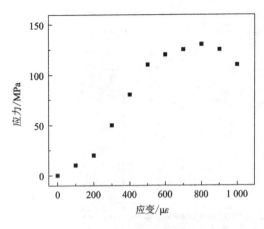

图 1-1-11 输出的 jpg 格式图片

保存的图片文件(见图 1-1-11)可以自由使用。

(2)点线图绘制方法

对于表 1-1-2 中的数据,再介绍点线图的绘制方法。与散点图方法基本一致,将数据填入 Origin 的 Book 文件,设置为"XY XY"模式,选中两列数据,单击软件左下角点线图绘制图标,即可得到点线图,如图 1-1-12 和图 1-1-13 所示。

对于已经绘制好的点线图和散点图,可以相互切换格式。

比如,在绘制好的散点图中,单击软件的点线图图标,即可得到点线图,如图 1-1-14 和图 1-1-15 所示。

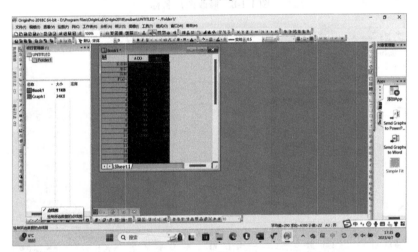

图 1-1-12 绘制点线图图标

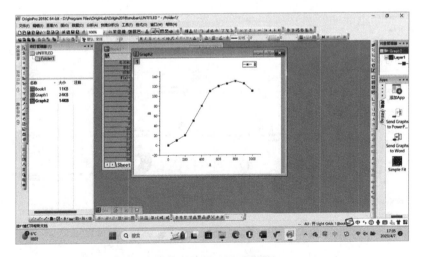

图 1-1-13 绘制的点线图

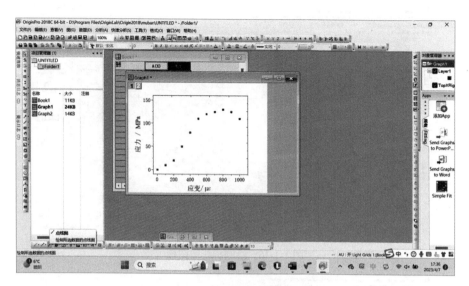

图 1-1-14　将散点图转换为点线图

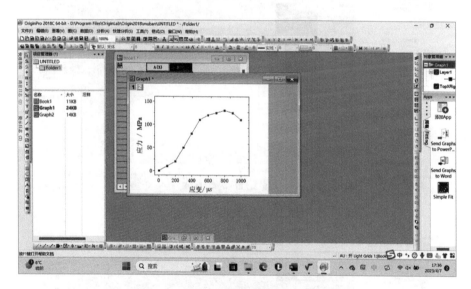

图 1-1-15　将散点图绘制为点线图的结果

同样,对于绘制的点线图,单击散点图图标,即可得到散点图。

(3) 折线图绘制方法

对于表 1-1-2 中的数据,再讲解折线图的绘制方法。与散点图方法一致,将数据填入 Origin 的 Book 文件,设置为"XY XY"模式,选中两列数据,单击软件左下角的折线图绘制图标,如图 1-1-16 所示,绘制的折线图如图 1-1-17 所示。

也可以用已经绘制好的散点图或者点线图直接转换为折线图。选择已经绘制好的点线图或者散点图,单击折线图图标,如图 1-1-18 所示即可得到折线图,如图 1-1-19 所示。散点图、点线图、折线图三种图形可随意切换。

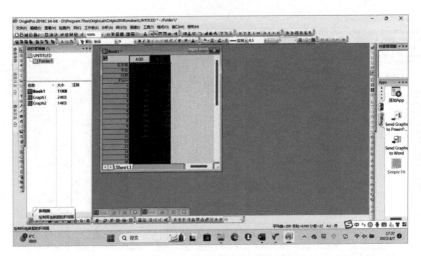

图 1-1-16 绘制折线图图标

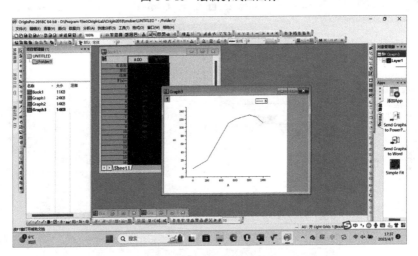

图 1-1-17 绘制的折线图

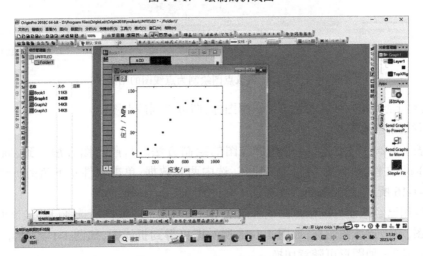

图 1-1-18 点线图转换为折线图

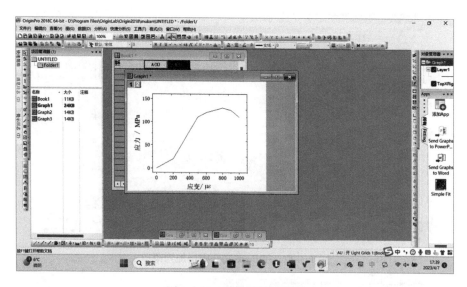

图 1-1-19 转换后的折线图

2. 多曲线绘制方法

多曲线绘制一般仅绘制点线图或折线图,散点图一般不涉及多曲线的绘制。由于点线图和折线图可以相互转换,因此这里仅介绍多条点线图的绘制。

某次实验获得了五组实验的应力-应变数据,见表 1-1-3。

表 1-1-3　某次实验获得的五组实验数据

$\varepsilon_1/\mu\varepsilon$	σ_1/MPa	$\varepsilon_2/\mu\varepsilon$	σ_2/MPa	$\varepsilon_3/\mu\varepsilon$	σ_3/MPa	$\varepsilon_4/\mu\varepsilon$	σ_4/MPa	$\varepsilon_5/\mu\varepsilon$	σ_5/MPa
0	0	0	0	0	0	0	0	0	0
100	10	99	8	102	9	104	12	97	13
200	20	202	18	199	19	205	23	197	25
300	50	301	45	303	43	306	55	299	60
400	80	398	75	402	72	402	86	396	95
500	110	499	105	497	103	496	113	504	120
600	120	597	117	602	115	595	125	597	135
700	125	703	120	700	118	698	131	706	145
800	130	805	123	801	122	803	135	805	150
900	125	902	121	899	120	897	130	897	145
1 000	110	998	105	1 001	104	1 005	120	997	135

运行 Origin 2018,将 Origin 软件的 Book 文件增加列。选中 Book 文件的某一列,右击并选择"插入"命令,如图 1-1-20 所示,即可在其右边增加一列,如图 1-1-21 所示。

重复插入列的操作过程,将表格增加到 10 列,如图 1-1-22 所示。

将实验数据填入表格,并设置为"XY XY"模式,选中所有数据,单击点线图图标,如图 1-1-23 所示,将以点线图形式绘制出五组实验的数据,如图 1-1-24 所示。

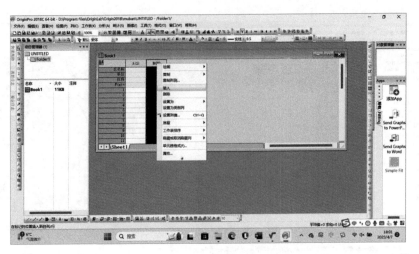

图 1-1-20　在 Book 文件中增加列菜单

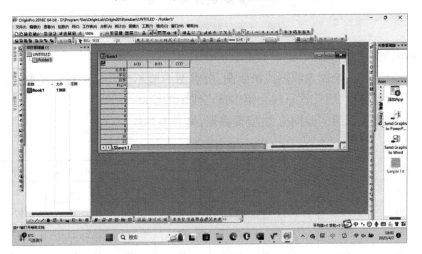

图 1-1-21　Book 文件增加列的结果

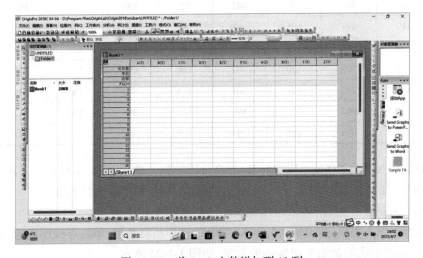

图 1-1-22　将 Book 文件增加到 10 列

第一篇 实验项目 | 13

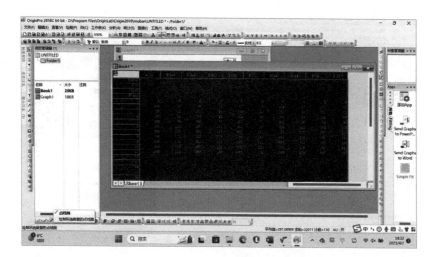

图 1-1-23　选择所有数据并绘制点线图

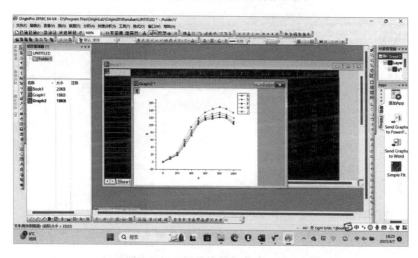

图 1-1-24　绘制好的多条点线图

在 Book 文件中的"注释"行,在对应的 y 轴位置可以添加注释,这里以 1、2、3、4、5 作为五组实验的代号,如图 1-1-25 所示。添加完注释之后,再查看绘制的曲线,发现原来图中的注释 B、D、F、H、J 变为了 1、2、3、4、5,如图 1-1-26 所示。因此,多曲线绘制时,可以自己修改每条曲线的注释,以便于区分曲线。

3. 一元函数曲线绘制方法

在绘制完实验数据后,很多情况下,想要知道实验数据满足什么函数规律。Origin 可以在绘制的图形中添加函数,添加时只要给出函数解析式即可,这样可以直观地看出实验数据大致满足的函数规律。这里介绍如何在绘制的图形中添加函数。

同样,以表 1-1-2 中的数据为例,说明函数曲线的添加方法。将 Origin 的 Book 文件增加到 4 列,第一列和第二列填入实验数据,注释行的第二列填入 1,第四列填入 2,表示增加的函数曲线。设置为"XY XY"模式,绘制点线图。此时图中的注释位置已经出现了 2,但是由于并没有添加函数,所以看不见曲线,如图 1-1-27 所示。

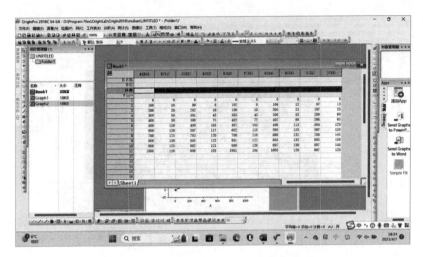

图 1-1-25　在 Book 文件中为数据添加注释

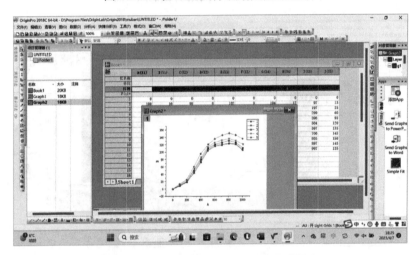

图 1-1-26　在曲线图中表现出来的曲线注释

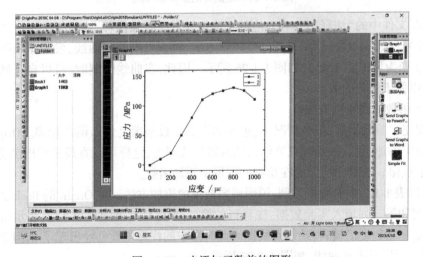

图 1-1-27　未添加函数前的图形

在 Book 文件中添加函数曲线的方式,观察图中自变量为 200~500 的区间,近似一条直线,因此在该区域画一条直线,根据原始数据可以粗略估计直线方程为 $\sigma=0.3\varepsilon-40$,因此在第四列的 F(x) 位置输入函数"0.3*C-40",这里 C 表示第三列,对应函数的自变量,绘图区间由 C 列数据确定,如图 1-1-28 所示。

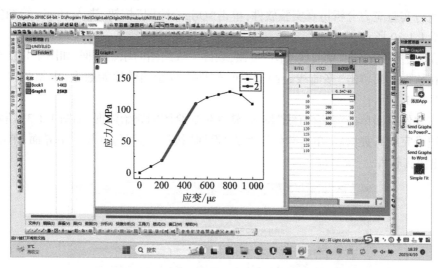

图 1-1-28　在曲线图中添加函数后的效果(粗线为添加的函数)

绘制函数图形时,函数的自变量取值范围可以自主确定,根据实际需要选定合适的自变量区间。在自变量的取值区间,绘图的步长也可以自主确定,如增加函数不是直线,而是其他曲线时,步长越小,绘制的点越多,得到的函数图越光滑。按照同样的方法也可以添加多条函数曲线。

图 1-1-29 中绘制的曲线分别为 $y_1=x^2+30, y_2=x^2+20, y_3=x^2+10, y_4=x^2$,绘制的四条曲线展示了自变量步长对曲线光滑程度的影响,显然,步长越小,曲线越光滑。

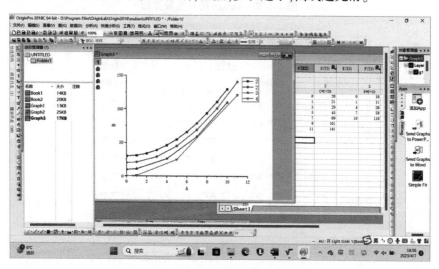

图 1-1-29　不同步长绘制的函数曲线

五、仿真实验

本实验的仿真软件仅提供仿真实验数据，根据仿真实验数据，应用 Origin 软件完成相应的曲线绘制。

（1）运行实验应力分析仿真实验软件，单击"Origin 绘图"按钮，进入 Origin 绘图实验仿真界面，如图 1-1-30 所示。

（2）在软件界面单击"单曲线绘图"按钮，软件生成绘图的原始数据，如图 1-1-31 所示。

（3）在软件界面单击"多曲线绘图"按钮，软件生成绘图的原始数据，数据包含了三组数据，如图 1-1-31 所示。

（4）在软件界面单击"拟合直线"按钮，软件生成绘图的原始数据，如图 1-1-31 所示。

（5）记录完所有数据后，单击软件界面的"返回"按钮，返回仿真软件主界面，单击"结束"按钮，退出仿真软件。

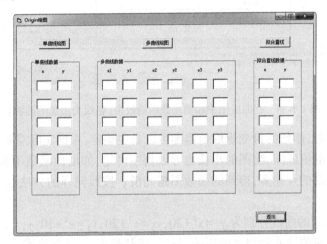

图 1-1-30　Origin 仿真实验界面

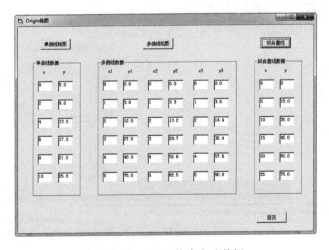

图 1-1-31　Origin 仿真实验数据

六、实验数据分析

（1）根据"五、仿真实验"第（2）步的数据，使用 Origin 完成散点图、点线图、折线图的绘制。

（2）根据"五、仿真实验"第（3）步的数据，使用 Origin 完成多曲线点线图、折线图的绘制。

（3）根据"五、仿真实验"第（4）步的数据，使用 Origin 完成点线图的绘制，并根据数据特征写出函数，在该图上添加此函数。

（4）将绘制的图片打印后粘贴于实验报告的相应位置。

实验二 应用 MATLAB 拟合经验公式

将实验数据所蕴含的规律用方程式表达出来是实验数据分析的一项重要工作。对于满足直线规律或者近似直线规律的实验数据，用最小二乘法可以求得其最佳直线方程；对于更复杂的实验数据，最小二乘法则满足不了实际应用的需求。

一、实验目的

掌握 MATLAB 拟合经验公式的基本方法。

二、实验软件

实验用到的软件见表 1-2-1。

表 1-2-1 实验软件

序 号	名 称
1	MATLAB 2018 中文版

三、lsqcurvefit 函数拟合经验公式的基本步骤与程序设计

对于复杂的经验公式，MATLAB 软件的 lsqcurvefit 函数可以很方便地拟合出所需要的方程式，应用该函数不仅可以对复杂形式的方程式进行拟合，也能极大地减少研究人员的工作量，提高效率。在此以四种曲线的拟合为例详细讲解 MATLAB 软件中 lsqcurvefit 函数的使用方法与步骤。

1. 利用 lsqcurvefit 函数拟合一次函数

假设某次实验获得的实验数据见表 1-2-2。这里为了具有一般性，所有自变量和因变量均没有赋予确定的力学量与量纲，仅仅从数值关系中获得它们满足的函数解析式。

表 1-2-2 实验获得的实验数据

x	0	100	200	300	400	500	600	700	800	900	1 000
y	0	20	41	59	82	99	120	138	157	179	200

根据表 1-2-2 中的实验数据，应用 Origin 绘制其曲线图，可观察到 y 与 x 呈现一次函数，假

设其解析式为

$$y = ax + b \qquad (1\text{-}2\text{-}1)$$

在 MATLAB 安装目录的 bin 文件夹(早期版本在 work 文件夹)下新建两个文件,文件名分别为 nihe.m 与 gs.m。

其中 gs.m 文件用于存放需要拟合的方程式,文件具体代码如下:

```
function f=gs(x,xdata)
f=x(1)*xdata+x(2);
```

代码第一行是 MATLAB 函数文件的固定写法,任何一个 MATLAB 函数文件的第一行均应写成"function f="的形式,"="后面的 gs 要与文件名一致,(x,xdata)为程序运行过程中的参数传递变量。括号中的 x 为参数矩阵,在这个程序中,x 表示的参数矩阵为 $x=[x(1),x(2)]$,即第二行中对应的"x(1),x(2)",其中 $x(1)$、$x(2)$ 分别对应式(1-2-1)中的 a、b,xdata 表示自变量,对应实验数据的自变量 x。

nihe.m 文件是用于输入原始实验数据、调用 lsqcurvefit 函数并输出数据的文件。具体代码及含义如下:

```
function f = nihe()              % 固定写法,"="后面的 nihe 与文件名一致
clc                              % 清除 MATLAB 工作空间的内容,避免之前运行的数据干扰本次程序的运行,如果能确保不被干扰,可以删除该条代码
ydata=[0 20 41 59 82 99 120 138 157 179 200];      % 输入原始数据 y
xdata=[0 100 200 300 400 500 600 700 800 900 1000]; % 输入原始数据 x
x0=[1 1]                         % 令 a=b=1,初始值可以任意给定
for i=1:200                      % 重复应用 lsqcurvefit 函数 200 次
[x,resnorm]=lsqcurvefit(@gs,x0,xdata,ydata);% 调用 lsqcurvefit 函数
x0=x;                            % 得到新的 a、b,并将新的值赋给 x0
end
x                                % 输出 a、b 的最终值
plot(xdata,ydata,'bs','LineWidth',6)  % 将原始数据绘散点图,'bs'中的 b 表示蓝色,s 表示点用方块表示,'LineWidth',6 表示方块大小为 6
hold on                          % 保持曲线
xx=[0:1:1000];                   % 定义另一个函数的自变量范围,自变量为 xx
y=x(1)*xx+x(2);                  % x(1)与 x(2)为已经拟合出的值,因此该语句表示了拟合出的函数解析式
plot(xx,y,'r','LineWidth',1.5)   % 将拟合的函数绘图,'r'表示红色曲线,'LineWidth',1.5 表示线条粗细为 1.5 磅。
end
```

其中[x,resnorm]=lsqcurvefit(@pxysgs,x0,xdata,ydata)代码中,x 为参数矩阵,代表的是 $x=[x(1),x(2)]$,在调用 lsqcurvefit 函数前,需要先任意给定一个 x 的初始值 x_0,即 x0=[1 1],调用完成后输出一个 $x=[x(1),x(2)]$ 的值。为了使结果更加精确,可以多次调用 lsqcurvefit 函数,再次调用时将前一次输出的 $x=[x(1),x(2)]$ 结果作为新的输入参数,即 x0=x,本例的示范程序中调用了 200 次 lsqcurvefit 函数。用 Plot 函数绘制了原始数据的散点图和拟合函数的曲线图,并将它们放在同一个坐标系里,便于直观比较拟合函数的效果。

代码编写完成并保存以后,在 MATLAB 的命令行窗口输入 nihe,按【Enter】键执行该代码,

输出数据为(0.198 2,0.454 5),代表的意义便是 $a=0.198\ 2, b=0.454\ 5$,即式(1-2-1)的解析式为
$$y = 0.198\ 2x + 0.454\ 5 \quad (1\text{-}2\text{-}2)$$

MATLAB 输出了原始数据散点图和拟合的一次函数图,如图 1-2-1 所示,可以看到,拟合效果非常好。

2. 利用 lsqcurvefit 函数拟合二次函数

假设某次实验获得的实验数据见表 1-2-3。这里为了具有一般性,所有自变量和因变量均没有赋予确定的力学量与量纲,仅仅从数值关系中获得它们满足的函数解析式。

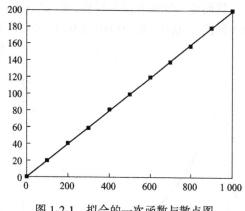

图 1-2-1 拟合的一次函数与散点图

表 1-2-3 实验获得的实验数据

x	10	-8	-6	-4	-2	0	2	4	6	8	10
y	10	6.44	3.56	1.62	0.41	0	0.42	1.58	3.63	6.34	10

根据表 1-2-3 中的实验数据,应用 Origin 绘制其曲线图,可观察到 y 与 x 呈现二次函数规律,假设其解析式为

$$y = ax^2 + bx + c \quad (1\text{-}2\text{-}3)$$

在 MATLAB 安装目录的 bin 文件夹(早期版本在 work 文件夹)下新建两个文件,文件名分别为 nihe.m 与 gs.m。两个文件的编程结构与"三、1"中一致,因此不再详细讲述每一句的意义。源程序如下:

gs.m 文件源代码:

```
function f = gs(x,xdata)
f=x(1)* xdata.* xdata+x(2)* xdata+x(3);
```

nihe.m 文件源代码:

```
function f = nihe()
clc
ydata=[10 6.44 3.56 1.62 0.41 0 0.42 1.58 3.63 6.34 10];
xdata=[-10 -8 -6 -4 -2 0 2 4 6 8 10];
x0=[1 1 1]
for i=1:200
    [x,resnorm]=lsqcurvefit(@ gs,x0,xdata,ydata);
    x0=x;
end
x
resnorm
plot(xdata,ydata,'bs','LineWidth',6)
hold on
xx=[-10:0.1:10];
y=x(1)* xx.* xx+x(2)* xx+x(3);
plot(xx,y,'r','LineWidth',1.5)
end
```

代码编写完成并保存以后,在 MATLAB 的命令行窗口输入 nihe,按【Enter】键执行该代码,输出数据为(0.099 9,−0.001 2,0.004 4),代表的意义便是 $a=0.099\ 9, b=-0.001\ 2, c=0.004\ 4$,即式(1-2-3)的解析式为

$$y = 0.099\ 9x^2 - 0.001\ 2x + 0.004\ 4$$

(1-2-4)

MATLAB 输出了原始数据散点图和拟合的二次函数图,如图 1-2-2 所示,可以看到,拟合效果非常好。

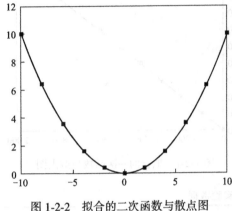

图 1-2-2 拟合的二次函数与散点图

3. 利用 lsqcurvefit 函数拟合指数函数

假设某次实验获得的实验数据见表 1-2-4。这里为了具有一般性,所有自变量和因变量均没有赋予确定的力学量与量纲,仅仅从数值关系中获得它们满足的函数解析式。

表 1-2-4 实验获得的实验数据

x	0	1	2	3	4	5	6	7	8	9	10
y	0.2	0.33	0.54	0.90	1.48	2.44	4.02	6.62	10.92	17.99	30

根据表 1-2-4 中的实验数据,应用 Origin 绘制其曲线图,可观察到 y 与 x 呈现指数函数规律,假设其解析式为

$$y = ae^{bx}$$

(1-2-5)

在 MATLAB 安装目录的 bin 文件夹(早期版本在 work 文件夹)下新建两个文件,文件名分别为 nihe.m 与 gs.m。两个文件的编程结构与"三、1"中一致,因此不再详细讲述每一句的意义。源程序如下:

gs.m 文件源代码:

```
function f = gs(x,xdata)
f=x(1)* exp(x(2)* xdata);
```

nihe.m 文件源代码:

```
function f = nihe()
clc
ydata=[0.2 0.33 0.54 0.90 1.48 2.44 4.02 6.62 10.92 17.99 30];
xdata=[0 1 2 3 4 5 6 7 8 9 10];
x0=[1 1]
for i=1:200
    [x,resnorm]=lsqcurvefit(@ gs,x0,xdata,ydata);
    x0=x;
end
x
resnorm
plot(xdata,ydata,'bs','LineWidth',6)
hold on
```

```
xx=[0:0.1:10];
y=x(1)* exp(x(2)* xx);
plot(xx,y,'r','LineWidth',1.5)
end
```

代码编写完成并保存以后,在 MATLAB 的命令行窗口输入 nihe,按【Enter】键执行该代码,输出数据为(0.193 3,0.504 3),代表的意义便是 $a=0.1933$,$b=0.5043$,即式(1-2-5)的解析式为

$$y = 0.1933e^{0.5043x} \tag{1-2-6}$$

MATLAB 输出了原始数据散点图和拟合的指数函数图,如图 1-2-3 所示,可以看到,拟合效果非常好。

4. 利用 lsqcurvefit 函数拟合正弦函数

假设某次实验获得的实验数据见表 1-2-5。这里为了具有一般性,所有自变量和因变量均没有赋予确定的力学量与量纲,仅仅从数值关系中获得它们满足的函数解析式。

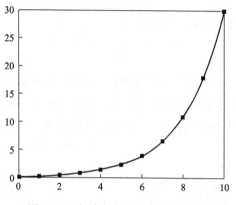

图 1-2-3 拟合的指数函数与散点图

表 1-2-5 实验获得的实验数据

x	$\frac{1}{4}\pi$	$\frac{1}{2}\pi$	$\frac{3}{4}\pi$	π	$\frac{5}{4}\pi$	$\frac{3}{2}\pi$	$\frac{7}{4}\pi$	2π
y	190	186	127	53	8	15	72	146

根据表 1-2-5 中的实验数据,应用 Origin 绘制其曲线图,可观察到 y 与 x 呈现正弦函数规律,假设其解析式为

$$y = a\sin(x + b) + c \tag{1-2-7}$$

在 MATLAB 安装目录的 bin 文件夹(早期版本在 work 文件夹)下新建两个文件,文件名分别为 nihe.m 与 gs.m。两个文件的编程结构与"三、1"中一致,因此不再详细讲述每一句的意义。源程序如下:

gs.m 文件源代码:

```
function f = gs(x,xdata)
f=x(1)* sin(xdata+x(2))+x(3);
```

nihe.m 文件源代码:

```
function f = nihe()
clc
ydata=[190 186 127 53 8 15 72 146];
xxdata=[1 2 3 4 5 6 7 8];
xdata=xxdata* 3.1415926/4;
x0=[1 1 1]
for i=1:200
    [x,resnorm]=lsqcurvefit(@ gs,x0,xdata,ydata);
```

```
        x0 = x;
end
x
resnorm
plot(xdata,ydata,'bs','LineWidth',6)
hold on
xx=[0:0.1:7];
y=x(1)* sin(xx+x(2))+x(3);
plot(xx,y,'r','LineWidth',1.5);
end
```

代码编写完成并保存以后,在 MATLAB 的命令行窗口输入 nihe,按【Enter】键执行该代码,输出数据为(96.195 1,-12.071 3,99.625 0),代表的意义便是 $a=96.195\ 1,b=-12.071\ 3,c=99.625\ 0$,即式(1-2-7)的解析式为

$$y = 96.195\ 1\sin(x - 12.071\ 3) + 99.625\ 0 \tag{1-2-8}$$

MATLAB 输出了原始数据散点图和拟合的正弦函数图,如图 1-2-4 所示,可以看到,拟合效果非常好。

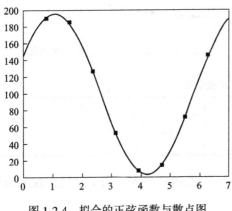

图 1-2-4 拟合的正弦函数与散点图

四、仿真实验

本实验的仿真软件仅提供仿真实验数据,根据仿真实验数据,应用 MATLAB 软件完成相应的经验公式拟合。

(1)运行实验应力分析仿真实验软件,单击"应用 MATLAB 拟合经验公式"按钮,进入应用 MATLAB 拟合经验公式实验仿真界面,如图 1-2-5 所示。

图 1-2-5 应用 MATLAB 拟合经验公式仿真实验界面

（2）在软件界面单击"拟合一次函数"按钮，软件生成拟合一次函数的原始数据，如图 1-2-6 所示。

（3）在软件界面单击"拟合二次函数"按钮，软件生成拟合二次函数的原始数据，如图 1-2-6 所示。

（4）在软件界面单击"拟合指数函数"按钮，软件生成拟合指数函数的原始数据，如图 1-2-6 所示。

（5）在软件界面单击"拟合正弦函数"按钮，软件生成拟合正弦函数的原始数据，如图 1-2-6 所示。

（6）记录完所有数据后，单击软件界面的"返回"按钮，返回仿真软件主界面，单击"结束"按钮，退出仿真软件。

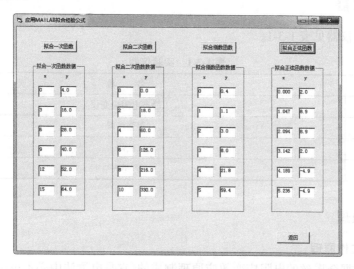

图 1-2-6　应用 MATLAB 拟合经验公式仿真实验数据

五、实验数据分析

（1）根据"四、仿真实验"第(2)步的数据，应用 MATLAB 程序，完成一次函数的拟合。
（2）根据"四、仿真实验"第(3)步的数据，应用 MATLAB 程序，完成二次函数的拟合。
（3）根据"四、仿真实验"第(4)步的数据，应用 MATLAB 程序，完成指数函数的拟合。
（4）根据"四、仿真实验"第(5)步的数据，应用 MATLAB 程序，完成正弦函数的拟合。
（5）将绘制的图片打印后粘贴于实验报告的相应位置。

实验三　电阻应变测量技术

电阻应变测量方法是用电阻应变计测量构件的表面应变，并将应变转化成电信号进行测量的方法，简称电测法。电测法的基本原理是：将电阻应变计（简称应变计，又称电阻应变片或应变片）粘贴在被测构件的表面，当构件发生变形时，应变片随着构件一起变形，应变片的电阻值将发生相应的变化，通过电阻应变测量仪器（简称应变仪），可以测量出应变片中的电阻值变化,并换算成应变值。电测法中测量结果是应变,再根据应力-应变关系可以求得被测点的应力,从而达到进行应力分析的目的。

电测法具有较高的灵敏度,应变片质量小、体积小、便于安装,可在高温、低温、高压等特殊环境下使用,测量过程中的输出量是电信号,便于实现自动化和数字化处理,能进行远距离测量(即无线遥测)。电阻应变测量方法在材料力学实验中具有重要的地位和应用,掌握和熟练应用电测法是进行力学实验的基本要求。

一、实验目的

掌握电阻应变测量方法的原理与技术。

二、实验仪器

实验用到的仪器见表 1-3-1。

表 1-3-1　实验仪器

序　号	名　　称
1	静态电阻应变仪
2	等强度梁
3	砝码
4	万用表

三、实验原理

1. 应变片工作原理

应变片是根据金属丝的电阻应变效应原理制成的,它是电测法中必不可少的传感元件,负责把应变信号转换为电信号。

常见的应变片有丝绕式应变片、短接式应变片、金属箔式应变片、半导体应变片、多轴应变片(应变花)和薄膜应变片。除了这些常见的应变片,还有其他特殊用途的应变片:高温应变片、裂纹扩展应变片、疲劳寿命应变片、大应变测量应变片、双层应变片、防水应变片和屏蔽式应变片。

丝绕式电阻应变片制作工艺简单、成本低、易于安装,因此得到了大量的应用。丝绕式应变片结构如图 1-3-1 所示,主要由敏感栅、基底、覆盖层、黏结剂和引出线组成。

应变片的电阻变化率与其敏感栅受到的轴向应变成正比,即

$$\frac{\Delta R}{R} = K\varepsilon_L \tag{1-3-1}$$

式中,R 为应变片的原始电阻;ΔR 为变化的电

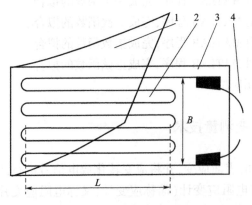

1—覆盖层;2—敏感栅;3—基底;4—引出线。

图 1-3-1　丝绕式电阻应变片结构示意图

阻;ε_L 为敏感栅受到的轴向平均应变;比例常数 K 称为应变片的灵敏系数。

2. 电阻应变仪工作原理

根据式(1-3-1)可知,只要能够读取应变片的电阻变化率,那么就可以知道应变片受到的应变,也就知道了构件表面该点的应变,因此如何读取电阻变化率就至关重要。电阻应变仪便是读取电阻变化率,并将结果转化为应变输出的仪器。

应变 ε_L 是很小的,因此根据式(1-3-1)可知电阻变化率 $\Delta R/R$ 也是很小的,为了检测应变片电阻值的微小变化,电阻应变仪应具有检测微小电阻变化,并将信号放大的能力。

如图 1-3-2 所示,电阻应变仪大致可分为三个部分,第一部分为测量电路部分;第二部分为信号放大部分;第三部分为显示、输出部分。这里重点介绍测量电路部分,测量电路的工作原理揭示了应变仪输出数据与应变片感受应变的函数关系,是电阻应变仪的核心。

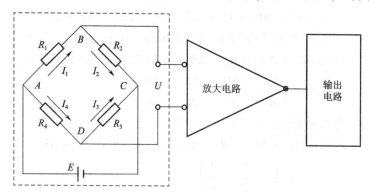

图 1-3-2 电阻应变仪结构示意图

电阻应变仪测量电路如图 1-3-3 所示,由图可知 ABC 支路的电流为

$$I_1 = I_2 = \frac{E}{R_1 + R_2} \tag{1-3-2}$$

ADC 支路的电流为

$$I_3 = I_4 = \frac{E}{R_3 + R_4} \tag{1-3-3}$$

B、C 两端电位差为

$$U_{BC} = R_2 I_2 = \frac{E}{R_1 + R_2} R_2 \tag{1-3-4}$$

D、C 两端电位差为

$$U_{DC} = R_3 I_3 = \frac{E}{R_3 + R_4} R_3 \tag{1-3-5}$$

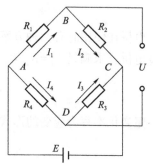

图 1-3-3 电阻应变仪测量电路

由式(1-3-4)和式(1-3-5)可得 D、B 两点电位差为

$$U_{DB} = U_{DC} - U_{BC} = \frac{E}{R_3 + R_4} R_3 - \frac{E}{R_1 + R_2} R_2 \tag{1-3-6}$$

因此,电桥输出电压为

$$U = U_{DB} = \frac{E}{R_3 + R_4} R_3 - \frac{E}{R_1 + R_2} R_2 = E \left[\frac{R_1 R_3 - R_2 R_4}{(R_1 + R_2)(R_3 + R_4)} \right] \tag{1-3-7}$$

根据式(1-3-7)可知，当 R_1, R_2, R_3, R_4 满足式(1-3-8)时，输出电压 $U=0$，称为电桥平衡。

$$R_1 R_3 = R_2 R_4 \tag{1-3-8}$$

在选择应变片时，一般要求选择同规格的应变片，因此应变片初始电阻满足 $R_1 = R_2 = R_3 = R_4$，因此理论上来说无应变时，电桥是平衡的，输出电压 $U=0$。但是，由于应变片毕竟是有微小差异的，以及导线电阻和导线连接处的接触电阻存在，在刚接通应变仪时，电桥大多存在不平衡现象，这就需要将应变仪预调平衡，简称调零。

平衡以后，构件产生变形时，构件上的应变片也随之变形，电阻值随着发生变化，电桥输出电压不再等于零。假设应变片变化的电阻值分别为 ΔR_1、ΔR_2、ΔR_3、ΔR_4，则电桥的输出电压为

$$U = E\left[\frac{(R_1+\Delta R_1)(R_3+\Delta R_3)-(R_2+\Delta R_2)(R_4+\Delta R_4)}{(R_1+\Delta R_1+R_2+\Delta R_2)(R_3+\Delta R_3+R_4+\Delta R_4)}\right] \tag{1-3-9}$$

将式(1-3-9)的分子展开，略去高阶项，并应用电桥平衡的条件 $R_1 R_3 = R_2 R_4$，可得到

$$\begin{aligned}\text{分子} &= E(R_1+\Delta R_1)(R_3+\Delta R_3) - E(R_2+\Delta R_2)(R_4+\Delta R_4) \\ &= E R_1 R_3 \left(\frac{\Delta R_1}{R_1}+\frac{\Delta R_3}{R_3}-\frac{\Delta R_2}{R_2}-\frac{\Delta R_4}{R_4}\right)\end{aligned} \tag{1-3-10}$$

将式(1-3-9)的分母展开，略去高阶项，可得到

$$\begin{aligned}\text{分母} &= (R_1+\Delta R_1+R_2+\Delta R_2)(R_3+\Delta R_3+R_4+\Delta R_4) \\ &= R_1 R_3 \left(2+\frac{R_4}{R_3}+\frac{R_2}{R_1}\right)\end{aligned} \tag{1-3-11}$$

将式(1-3-10)和式(1-3-11)代入式(1-3-9)可得到输出电压为

$$U = \frac{E\left(\dfrac{\Delta R_1}{R_1}+\dfrac{\Delta R_3}{R_3}-\dfrac{\Delta R_2}{R_2}-\dfrac{\Delta R_4}{R_4}\right)}{2+\dfrac{R_4}{R_3}+\dfrac{R_2}{R_1}} \tag{1-3-12}$$

电桥在使用时有两种方案，一种是等臂电桥，即 $R_1 = R_2 = R_3 = R_4$，另一种是不等臂电桥，不等臂电桥要求满足 $R_1 = R_2, R_3 = R_4$，因此，两种情况下，式(1-3-12)表示的输出电压均为

$$U = \frac{E}{4}\left(\frac{\Delta R_1}{R_1}+\frac{\Delta R_3}{R_3}-\frac{\Delta R_2}{R_2}-\frac{\Delta R_4}{R_4}\right) \tag{1-3-13}$$

将电阻变化率写为应变的形式，即

$$\begin{cases}\dfrac{\Delta R_1}{R_1} = K\varepsilon_1 \\ \dfrac{\Delta R_2}{R_2} = K\varepsilon_2 \\ \dfrac{\Delta R_3}{R_3} = K\varepsilon_3 \\ \dfrac{\Delta R_4}{R_4} = K\varepsilon_4\end{cases} \tag{1-3-14}$$

将式(1-3-14)代入式(1-3-13)可得到电桥输出电压为

$$U = \frac{KE}{4}(\varepsilon_1 + \varepsilon_3 - \varepsilon_2 - \varepsilon_4) = \frac{KE}{4}(\varepsilon_1 - \varepsilon_2 + \varepsilon_3 - \varepsilon_4) \tag{1-3-15}$$

将式(1-3-15)中的输出电压换算成应变仪输出的应变,即令

$$\varepsilon_d = \frac{4U}{K_\text{仪} E} \tag{1-3-16}$$

式中,$K_\text{仪}$为应变仪的灵敏系数设定值,因此,应变仪输出的应变为

$$\varepsilon_d = \frac{4U}{K_\text{仪} E} = \frac{K}{K_\text{仪}}(\varepsilon_1 - \varepsilon_2 + \varepsilon_3 - \varepsilon_4) \tag{1-3-17}$$

实验操作与工程应用中,一般将应变仪的灵敏系数设置为应变片的灵敏系数,即

$$K_\text{仪} = K \tag{1-3-18}$$

因此,应变仪输出的应变为

$$\varepsilon_d = (\varepsilon_1 - \varepsilon_2 + \varepsilon_3 - \varepsilon_4) \tag{1-3-19}$$

式(1-3-19)表示了应变仪输出应变与四个桥臂应变的关系,可理解为"对臂相加,邻臂相减"。

3. 应变仪基本桥路接法

在进行电阻应变测量时,可根据被测点的应力状态与测量需求选择合适的桥路接法,常见接法有全桥、半桥、1/4桥三种。

全桥指的是四个桥臂均接应变片,在设置应变仪的桥路接法时要设置为全桥挡位,此时应变仪输出的应变为$\varepsilon_d = \varepsilon_1 - \varepsilon_2 + \varepsilon_3 - \varepsilon_4$。

半桥指的是AB和BC桥臂接应变片,CD和DA桥臂接标准电阻。目前的应变仪均把标准电阻集成到应变仪内部,在设置应变仪的桥路接法时设置为半桥挡位,应变仪便可自动在CD和DA桥臂上接入标准电阻。标准电阻的作用是为了保证电桥测量电路的正常工作,且标准电阻不变化,即电阻变化率为零,此时应变仪输出的应变为$\varepsilon_d = \varepsilon_1 - \varepsilon_2$,即不用考虑$\varepsilon_3$与$\varepsilon_4$两项。

1/4桥主要用于多点同时测量。目前大多数的应变仪设置了一个公共补偿端接口,在该接口连接一个补偿片用于公共补偿,当应变仪桥路设置为1/4桥时,选择所需要测量的电桥通道,公共补偿端的补偿片将自动接入该电桥通道。1/4桥也属于半桥用法,因此只需要将被测点的应变片接入应变仪的AB桥臂,其余桥臂不用接线。

4. 温度补偿

温度效应是指对构件进行应变测量时,被测构件总是处于某一温度环境中,温度变化时,应变片的敏感栅电阻也会变化;另外,应变片敏感栅电阻丝的线膨胀系数可能与被测材料的线膨胀系数不一致,应变片会受到附加的应变,也会造成电阻值的变化。总之,使用电测法测量构件表面应变时,应变仪输出的应变会受到温度的影响,实验时必须要消除温度对应变的影响,否则实验数据没有意义,消除温度对应变影响的措施称为温度补偿。这里介绍两种常用的温度补偿方法。

(1)采用温度补偿片。找一个与被测构件完全相同的材料,再找一个与被测物体上规格相同的应变片,把这个应变粘贴在这个材料上,这就做成了一个温度补偿片,将温度补偿片与被测物体置于相同的环境中,因此温度对补偿片上应变片的影响等于温度对被测构件上应变

片的影响,区别是补偿片不受力的作用,仅仅受到温度的影响。比如,应变片 R_1 粘贴在被测物体表面,其应变为 $\varepsilon_1=\varepsilon_F+\varepsilon_t$,应变片 R_2 粘贴在补偿片上,其应变为 $\varepsilon_2=\varepsilon_t$,按照电桥输出特性,得到 $\varepsilon_d=\varepsilon_1-\varepsilon_2=\varepsilon_F+\varepsilon_t-\varepsilon_t=\varepsilon_F$,完全消除了温度的影响。

(2)桥路补偿。适当选择电桥的形式,应变片均粘贴在被测物体表面,均受到温度的影响。比如,$\varepsilon_1=\varepsilon_{F1}+\varepsilon_t$,$\varepsilon_2=\varepsilon_{F2}+\varepsilon_t$,按照电桥输出特性,得到 $\varepsilon_d=\varepsilon_1-\varepsilon_2=\varepsilon_{F1}+\varepsilon_t-(\varepsilon_{F2}+\varepsilon_t)=\varepsilon_{F1}-\varepsilon_{F2}$,同样消除了温度的影响。

5. 等强度梁

等强度梁是一种变截面梁,指的是在载荷作用下,梁各个截面位置的应力相同。悬臂梁在受到集中力作用下,截面的弯矩随着截面的位置变化,为了保证各个截面的应力相同,要求梁的截面尺寸也随截面位置变化。本实验采用图 1-3-4 所示的等强度梁,图 1-3-4(a)为正视图,图 1-3-4(b)为顶视图,顶视图中可见到梁截面是逐渐变化的,梁上的绿色小矩形(图中用白色表示)表示粘贴的应变片,实验使用的等强度梁上表面和下表面分别粘贴了若干应变片。

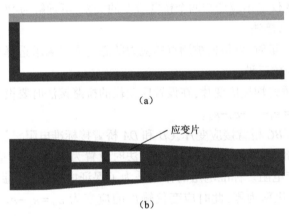

图 1-3-4　等强度梁结构示意图

四、实验步骤与实验数据记录

(1)接通应变仪电源,检查应变仪能否正常使用。

(2)检查等强度梁与温度补偿片上的应变片,用万用表查验应变片的初始电阻,在 120 Ω 左右表示应变片完好,可以正常进行实验。

(3)水平放置等强度梁,使其平稳,不晃动。

(4)按照被测电桥的测量要求,将对应的应变片接入应变仪。

(5)将应变仪预调平衡。

(6)在等强度梁自由端加载 2 kg 砝码。

(7)记录应变仪读数,该读数即为对应的测量结果,应变仪输出的应变为微应变,即读数需要乘 10^{-6} 才是实际的应变。

(8)完成表 1-3-2 中六个电桥的测量。

(9)关闭应变仪,将所用的实验仪器放回原位。

表 1-3-2　测量表中六个电桥的应变

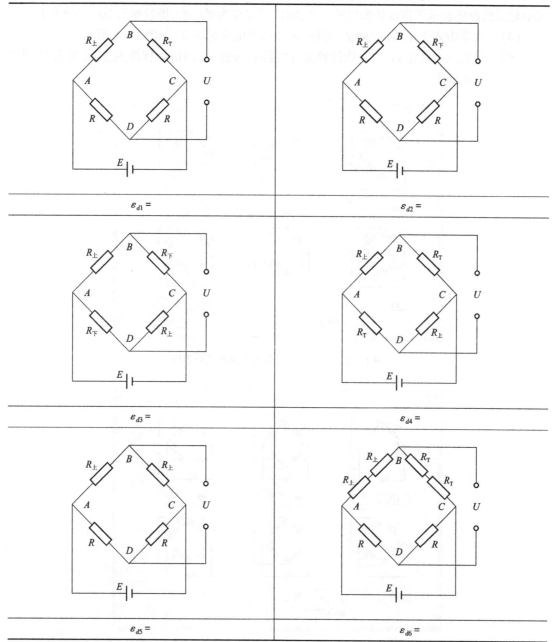

五、仿真实验

（1）运行实验应力分析仿真实验软件，单击"电阻应变测量技术"按钮，进入"电阻应变测量技术"仿真实验界面，如图 1-3-5 所示。

（2）在"载荷"右边的文本框里输入载荷，单位为 N，输入的载荷代表了在等强度梁上加载的载荷。

(3)软件界面上每个电桥接线图下方均有"测量"按钮与文本框,单击"测量"按钮,文本框中显示的数字表示了该电桥输出的应变,输出的应变为微应变,即数据乘 10^{-6} 为实际应变。

(4)依次单击六个电桥的"测量"按钮,记录六个电桥的应变,如图 1-3-6 所示。

(5)记录完所有数据后,单击软件界面的"返回"按钮,返回仿真软件主界面,单击"结束"按钮,退出仿真软件。

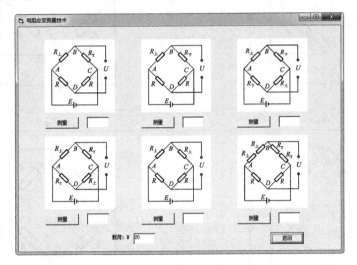

图 1-3-5　电阻应变测量技术仿真实验界面

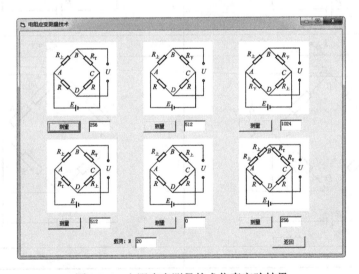

图 1-3-6　电阻应变测量技术仿真实验结果

六、思考题

(1)如果等强度梁没有放置到水平,上表面应变与下表面应变绝对值是否一致?

(2)第六个电桥,应变仪读出的应变是两个应变的平均值还是应变之和?

(3)砝码加载位置对测量结果有何影响?

实验四　电阻应变片灵敏系数测定

电阻应变片的灵敏系数由应变片敏感栅的材质、结构及加工工艺等因素决定,厂家在制作完成后,抽样标定其灵敏系数,作为这一批应变片的灵敏系数。在实际应用中,使用人员可以先进行标定,然后再使用。本实验介绍两种标定应变片灵敏系数的方法。

一、实验目的

掌握电阻应变片灵敏系数的标定方法。

二、实验仪器与耗材

实验用到的仪器与耗材见表 1-4-1。

表 1-4-1　实验仪器与耗材

序　号	名　　称
1	静态电阻应变仪
2	三点挠度计
3	百分表(0.01 mm/格)
4	等强度梁
5	游标卡尺
6	砝码
7	万用表

三、实验原理

应变片的电阻变化率与其敏感栅受到的轴向应变成正比,即

$$\frac{\Delta R}{R} = K\varepsilon_L \tag{1-4-1}$$

式中,R 为应变片的原始电阻;ΔR 为变化的电阻;ε_L 为敏感栅受到的轴向平均应变;比例常数 K 称为应变片的灵敏系数,是与应变片敏感栅材质、加工工艺有关的常数,灵敏系数 K 需要通过实验测试来标定,厂家会在一批应变片中抽样标定,该标定值作为这一批应变片的灵敏系数;实验人员在使用时也可以自行标定。标定灵敏系数常用的方法有纯弯曲梁实验方法、等强度悬臂梁实验方法和轴向拉压实验方法。本实验介绍纯弯曲梁与等强度悬臂梁实验方法标定灵敏系数。

三点挠度计测量挠度原理,三点挠度计结构如图 1-4-1 所示,$ADEC$ 为一个倒 U 形结构,在 DE 的中点安装一个百分表,便构成一个三点挠度计,使用时将三点挠度计安装在梁的表面,梁变形后,B 点安装的百分表即可以读出 B 点相对于直线 AC 的挠度。

1. 纯弯曲梁标定灵敏系数

如图 1-4-2 所示,将三点挠度计安装在梁的纯弯曲段,图中 ABC 为梁的纯弯曲段,虚线为

梁弯曲前的上表面,梁变形后上表面如粗实线所示,由于 ABC 段为纯弯曲段,因此其弯矩 M 为常数。根据挠曲线近似微分方程,梁 ABC 段的挠曲线 $f(x)$ 满足

$$f''(x) = \frac{d^2 f(x)}{dx^2} = \frac{M}{EI} \tag{1-4-2}$$

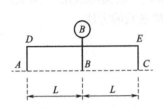 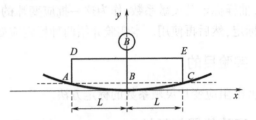

图 1-4-1　三点挠度计示意图　　图 1-4-2　纯弯曲梁标定灵敏系数试验台示意图

积分一次可得

$$\theta(x) = f'(x) = \frac{1}{EI}\int M dx = \frac{M}{EI}x + \frac{A}{EI} \tag{1-4-3}$$

再积分一次可得

$$f(x) = \frac{1}{EI}\int (Mx + A) dx = \frac{M}{2EI}x^2 + \frac{A}{EI}x + \frac{B}{EI} \tag{1-4-4}$$

式中,A、B 为待定系数。

建立图 1-4-2 所示的坐标系,则 B 点挠度为零,B 点转角也为零,代入式(1-4-3)和式(1-4-4)可得

$$\begin{cases} \theta(0) = \frac{M}{EI} \times 0 + \frac{A}{EI} = 0 \\ f(0) = \frac{M}{2EI} \times 0^2 + \frac{A}{EI} \times 0 + \frac{B}{EI} = 0 \end{cases} \tag{1-4-5}$$

解得

$$A = B = 0 \tag{1-4-6}$$

因此,挠曲线方程为

$$f(x) = \frac{Mx^2}{2EI} \tag{1-4-7}$$

因此 A 点和 C 点挠度分别为

$$f_A = \frac{1}{2} \cdot \frac{ML^2}{EI} \tag{1-4-8}$$

$$f_C = \frac{1}{2} \cdot \frac{ML^2}{EI} \tag{1-4-9}$$

很显然 $f_A = f_C$。

三点挠度计测量的挠度是 B 点相对于直线 AC 的挠度,因此以三点挠度计的支点 A、C 为基准点,相对于直线 AC 来说,B 点挠度为

$$f_B = -\frac{1}{2} \cdot \frac{ML^2}{EI} \tag{1-4-10}$$

再讨论 B 点上表面的轴向应变,根据胡克定律与弯曲正应力公式可得

$$\varepsilon_L = \frac{\sigma}{E} = -\frac{1}{E} \cdot \frac{M}{I} \cdot \frac{h}{2} = -\frac{Mh}{2EI} \tag{1-4-11}$$

式中,h 为梁厚度。联合式(1-4-10)与式(1-4-11)可得

$$\varepsilon_L = -\frac{Mh}{2EI} = -\frac{ML^2}{2EI} \cdot \frac{h}{L^2} = f_B \frac{h}{L^2} = \frac{hf_B}{L^2} \tag{1-4-12}$$

通过上述讨论可知,B 点的应变可以通过三点挠度计测量 B 点挠度来确定。

电阻变化率 $\frac{\Delta R}{R}$ 可以由应变仪测出,具体方法为电阻应变仪的灵敏系数可以任意设置一个数值,记为 $K_{仪}$;将需要标定灵敏系数的应变片接在应变仪的 AB 桥臂,BC 桥臂接一个温度补偿片;加载后应变仪显示的应变记为 $\varepsilon_{仪}$,则有

$$\frac{\Delta R}{R} = K_{仪}\,\varepsilon_{仪} \tag{1-4-13}$$

根据式(1-4-12)与式(1-4-13),再根据式(1-4-1)可得到应变片的灵敏系数为

$$K = \frac{\Delta R/R}{\varepsilon_L} = \frac{L^2 K_{仪}\,\varepsilon_{仪}}{hf_B} \tag{1-4-14}$$

2. 等强度梁标定灵敏系数的原理

如图 1-4-3 所示,将三点挠度计安装在等强度梁上表面,虚线 P 表示变形前等强度梁的上表面,粗实线表示变形后梁的上表面,根据挠曲线近似微分方程,梁 ABC 段的挠曲线 $f(x)$ 满足

$$f''(x) = \frac{\mathrm{d}^2 f(x)}{\mathrm{d}x^2} = \frac{M(x)}{EI(x)} \tag{1-4-15}$$

由于是等强度梁,则 ABC 段上表面各点应力相同,即

$$\sigma(x) = -\frac{M(x)h}{2I(x)} = 常数 \tag{1-4-16}$$

式中,h 为等强度梁的厚度,由于使用的等强度梁厚度是相同的,因此 $\frac{M(x)}{I(x)} = $ 常数,令 $\frac{M(x)}{I(x)} = Q$,则式(1-4-15)可写为

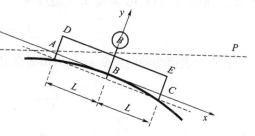

图 1-4-3 等强度梁标定灵敏系数试验台示意图

$$f''(x) = \frac{\mathrm{d}^2 f(x)}{\mathrm{d}x^2} = \frac{Q}{E} \tag{1-4-17}$$

积分一次可得

$$\theta(x) = f'(x) = \frac{1}{E} \int \frac{M(x)}{I(x)} \mathrm{d}x = \frac{1}{E} \int Q \mathrm{d}x = \frac{Q}{E} x + \frac{A}{E} \tag{1-4-18}$$

再积分一次可得

$$f(x) = \frac{1}{E}\int (Qx + A)\,\mathrm{d}x = \frac{1}{2E}Qx^2 + \frac{A}{E}x + \frac{B}{E} \tag{1-4-19}$$

式中，A、B 为待定系数。

建立图 1-4-3 所示的坐标系，以 B 点为坐标原点，则 B 点挠度为零，B 点转角也为零，代入式(1-4-18)和式(1-4-19)可得

$$\begin{cases} \theta(0) = \dfrac{Q}{E} \times 0 + \dfrac{A}{E} = 0 \\ f(0) = \dfrac{1}{2E}Q \times 0^2 + \dfrac{A}{E} \times 0 + \dfrac{B}{E} = 0 \end{cases} \tag{1-4-20}$$

解得

$$A = B = 0 \tag{1-4-21}$$

因此，挠曲线方程为

$$f(x) = \frac{1}{2} \cdot \frac{Qx^2}{E} \tag{1-4-22}$$

A 点和 C 点挠度分别为

$$f_A = \frac{1}{2} \cdot \frac{QL^2}{E} \tag{1-4-23}$$

$$f_C = \frac{1}{2} \cdot \frac{QL^2}{E} \tag{1-4-24}$$

很显然，$f_A = f_C$。

三点挠度计测量的挠度是 B 点相对于直线 AC 的挠度，因此以三点挠度计的支点 A、C 为基准点，相对于直线 AC 来说，B 点挠度为

$$f_B = -\frac{1}{2} \cdot \frac{QL^2}{E} \tag{1-4-25}$$

B 点上表面的轴向应变 ε_L 可以用胡克定律和弯曲正应力求解

$$\varepsilon_L = \frac{\sigma}{E} = -\frac{1}{E} \cdot \frac{M(x)}{I(x)} \cdot \frac{h}{2} = -\frac{Qh}{2E} \tag{1-4-26}$$

$$\varepsilon_L = -\frac{Qh}{2E} = -\frac{QL^2}{2E} \cdot \frac{h}{L^2} = f_B \frac{h}{L^2} = \frac{hf_B}{L^2} \tag{1-4-27}$$

电阻变化率 $\dfrac{\Delta R}{R}$ 的测量与式(1-4-13)一致，因此可按照式(1-4-1)的定义得到应变片的灵敏系数为

$$K = \frac{\Delta R/R}{\varepsilon_L} = \frac{L^2 K_{仪}\, \varepsilon_{仪}}{hf_B} \tag{1-4-28}$$

四、实验步骤与实验数据记录

(1) 记录等强度梁的厚度 h 于表 1-4-2 中。记录三点挠度计的半跨距 L 于表 1-4-2 中。

(2) 检查等强度梁上的应变片与温度补偿片,用万用表查验应变片的初始电阻,在 120 Ω 左右表示应变片完好,可以正常进行实验。

(3) 按图 1-4-4 所示安装等强度梁和三点挠度计,三点挠度计与应变片需要安装在梁的等强度范围,将应变片与温度补偿片接入应变仪。

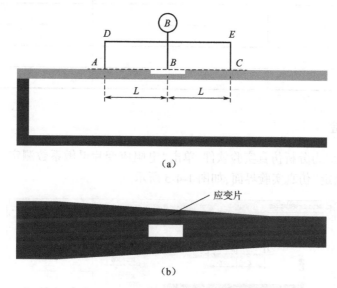

图 1-4-4 等强度梁标定灵敏系数试验台

(4) 设置应变仪的灵敏系数 $K_仪$ 并记录于表 1-4-2 中,将应变仪调零;记录百分表初始读数 f_0。

(5) 在等强度梁加载 2 kg 砝码,记录应变仪数据于表 1-4-3 中。

(6) 记录百分表读数 f_1,B 点挠度为 $f_B = f_1 - f_0$,记录 B 点挠度于表 1-4-3 中。

(7) 重复加载 10 次,记录 10 组数据。将数据记录于表 1-4-3 中。

(8) 关闭仪器,将所用实验仪器放回原位。

表 1-4-2 实验台参数

h/mm	L/mm	$K_仪$

表 1-4-3 应变仪读数与挠度数据记录

组 别	$\varepsilon_仪/\mu\varepsilon$	f_B/mm
第一组		
第二组		
第三组		

续上表

组　别	$\varepsilon_仪/\mu\varepsilon$	f_B/mm
第四组		
第五组		
第六组		
第七组		
第八组		
第九组		
第十组		
平均值		
标准差		

五、仿真实验

（1）运行实验应力分析仿真实验软件，单击"电阻应变片灵敏系数测定"按钮，进入"电阻应变片灵敏系数测定"仿真实验界面，如图1-4-5所示。

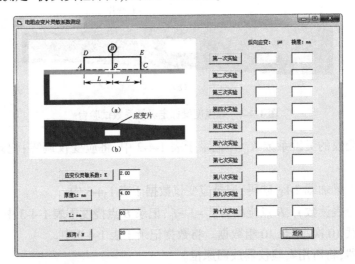

图1-4-5　"电阻应变片灵敏系数测定"仿真实验界面

（2）在"应变仪灵敏系数：K"右边的文本框输入应变仪的灵敏系数，即 $K_仪$；在"厚度 h：mm"右边文本框输入梁的厚度 h，单位为 mm；在"L：mm"右边的文本框输入三点挠度计的半跨距 L，单位 mm；在"载荷：N"右边的文本框里输入载荷，单位为 N，输入的载荷代表了在等强度梁上加载的载荷。

（3）软件界面上单击"第一次实验"，右边的文本框中显示实验对应的纵向应变与挠度，输出的应变为微应变，即数据乘 10^{-6} 为实际应变，挠度的单位为 mm。

（4）依次单击"第二次实验"、……、"第十次实验"，记录10次实验的应变与挠度数据，如图1-4-6所示。

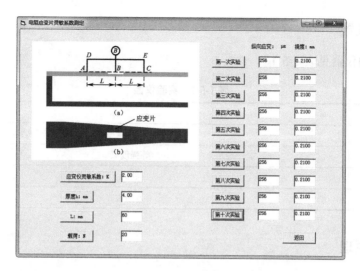

图 1-4-6 电阻应变片灵敏系数测定仿真实验结果

（5）记录完所有数据后，单击软件界面的"返回"按钮，返回仿真软件主界面，单击"结束"按钮，退出仿真软件。

六、实验数据分析

根据表 1-4-2 和表 1-4-3 的数据计算出梁 B 点的轴向应变 ε_L 和应变片的电阻变化率，根据式（1-4-29）得出应变片的灵敏系数 K。

$$K = \frac{\Delta R/R}{\varepsilon_L} = \frac{L^2 K_{仪}\, \varepsilon_{仪}}{hf_B} \tag{1-4-29}$$

七、思考题

（1）等强度梁未安装到水平位置，对实验结果有何影响？
（2）等强度梁上的应变片未粘贴到轴线方向，方向偏离了轴线方向，对实验结果有何影响？
（3）应变仪灵敏系数 $K_{仪}$ 的设置值对实验结果有何影响？
（4）砝码加载位置对测量结果有何影响？

实验五　电阻应变片横向效应系数测定

电阻应变片的横向效应系数是与敏感栅结构、制作工艺有关的参数，对测量结果有一定的影响。在实际应用中，使用人员可以对横向效应系数进行标定，然后再使用。本实验介绍应变片横向效应系数的测量方法。

一、实验目的

掌握电阻应变片横向效应系数的标定方法。

二、实验仪器

实验用到的仪器见表 1-5-1。

表 1-5-1 实验仪器

序　号	名　称
1	静态电阻应变仪
2	等强度梁
3	砝码
4	万用表

三、实验原理

1. 横向效应系数的定义

横向效应系数是在单向应变状态下，应变片沿栅宽方向电阻变化率与栅长方向电阻变化率之比。

$$H = \frac{\dfrac{\Delta R_B}{R}}{\dfrac{\Delta R_L}{R}} \tag{1-5-1}$$

实验测定横向效应系数时采用两枚应变片，相互垂直的粘贴在单向应变的构件表面。图 1-5-1 中所示构件可近似实现单向应变状态，x 方向应变达到 1 000 $\mu\varepsilon$ 时，y 方向应变不大于 2 $\mu\varepsilon$，因此可近似认为是单向应变状态。应变片粘贴如图 1-5-2 所示，与 x 轴平行的应变片为 R_1，与 y 轴平行的应变片为 R_2。应变片 R_1 测量出 $\dfrac{\Delta R_L}{R}$，应变片 R_2 测量出 $\dfrac{\Delta R_B}{R}$，因此，在单向应变场内布置两枚应变片，即可以测量出应变片的横向效应系数。

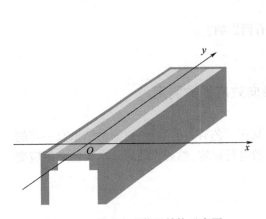

图 1-5-1 单向应变装置结构示意图

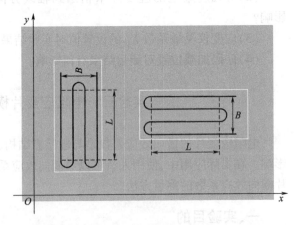

图 1-5-2 单向应变场中应变片粘贴示意图

2. 丝绕式应变片横向效应系数的理论推导

根据图 1-5-2 中粘贴的两枚应变片,推导丝绕式应变片的横向效应系数。

两枚应变片的初始电阻计算:如图 1-5-3 所示,设敏感栅单位长度的电阻值为 ζ,应变片直线部分栅长 L 有 n 条,因此初始电阻为

$$R_L = nL\zeta \tag{1-5-2}$$

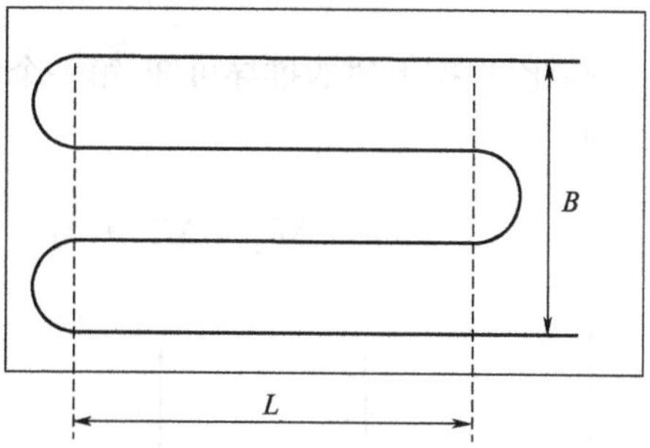

弯头部分假设为理想半圆,半径为 r,整个敏感栅共有 $n-1$ 个弯头,因此弯头初始电阻为

$$R_r = (n-1)\pi r\zeta \tag{1-5-3}$$

根据式(1-5-2)与式(1-5-3)可得应变片的初始电阻为

图 1-5-3 丝绕式应变片结构示意图

$$R = R_L + R_r = nL\zeta + (n-1)\pi r\zeta \tag{1-5-4}$$

两枚应变片电阻变化量的计算:两枚应变片电阻变化量均可分解为直线段变化量与弯头段变化量,而总电阻变化量等于两段变化量之和。又由于两枚应变片处于单向应变场中,电阻仅仅在 x 方向有应变,在 y 方向无应变,因此只需要考虑两枚应变片沿 x 方向的电阻变化量。

应变片 R_1 直线段电阻变化量:应变片 R_1 直线段沿 x 方向,应变片 R_1 直线段的电阻为 $R_L = nL\zeta$,设敏感栅的灵敏系数为 K_0,因此直线段的电阻变化量为

$$\Delta R_L = nL\zeta K_0 \varepsilon_x \tag{1-5-5}$$

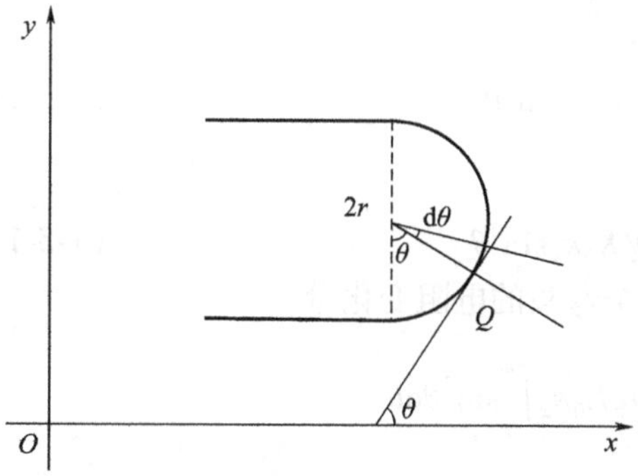

应变片 R_1 弯头段电阻变化量:如图 1-5-4 所示,微段 $rd\theta$ 上的电阻变化量需要先计算 $rd\theta$ 的应变,根据材料力学公式,沿 θ 方向(θ 方向指的是微段 $rd\theta$ 的切线方向)的应变为

$$\varepsilon_\theta = \frac{\varepsilon_x + \varepsilon_y}{2} + \frac{\varepsilon_x - \varepsilon_y}{2}\cos 2\theta - \frac{\gamma}{2}\sin 2\theta \tag{1-5-6}$$

由于是单向应变场,因此 $\varepsilon_y = \gamma = 0$,式(1-5-6)变为

图 1-5-4 应变片 R_1 弯头电阻变化量计算

$$\varepsilon_\theta = \frac{\varepsilon_x}{2} + \frac{\varepsilon_x}{2}\cos 2\theta = \varepsilon_x \cos^2\theta \tag{1-5-7}$$

因此,$rd\theta$ 部分的电阻变化量为

$$\Delta R_{rd\theta} = RK_0\varepsilon_\theta = rd\theta\zeta K_0 \varepsilon_x \cos^2\theta \tag{1-5-8}$$

式(1-5-8)中,θ 在 $[0, \pi]$ 区间积分便可得到一个弯头的电阻变化量

$$\begin{aligned}
\Delta R_r^1 &= \int_0^\pi rd\theta\zeta K_0\varepsilon_x\cos^2\theta = r\zeta K_0\varepsilon_x\int_0^\pi \cos^2\theta d\theta \\
&= \frac{1}{2}r\zeta K_0\varepsilon_x\int_0^\pi 2\cos^2\theta d\theta = \frac{1}{2}r\zeta K_0\varepsilon_x\int_0^\pi (\cos 2\theta + 1)d\theta \\
&= \frac{1}{2}r\zeta K_0\varepsilon_x(\sin 2\theta + \theta)\big|_0^\pi = \frac{r\zeta K_0\pi\varepsilon_x}{2}
\end{aligned} \tag{1-5-9}$$

根据式(1-5-9)便可得到 $n-1$ 个弯头沿 x 方向的电阻变化量

$$\Delta R_r = (n-1)\Delta R_r^1 = \frac{(n-1)r\zeta K_0\pi\varepsilon_x}{2} \tag{1-5-10}$$

因此,根据上述的推导可知,第一个应变片电阻变化量为直线段变化量与弯头段变化量之和,即

$$\Delta R_1 = \Delta R_L + \Delta R_r = nL\zeta K_0\varepsilon_x\Delta R_r + \frac{(n-1)r\zeta K_0\pi\varepsilon_x}{2} \tag{1-5-11}$$

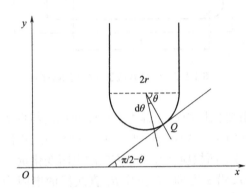

图 1-5-5 应变片 R_2 弯头电阻变化量计算

应变片 R_2 直线段电阻变化量:R_2 的直线段沿 y 轴方向,由于是单向应变场,因此 R_2 的直线段电阻变化量为 0。

应变片 R_2 弯头段电阻变化量:如图 1-5-5 所示,微段 $r\mathrm{d}\theta$ 上的电阻变化量需要先计算 $r\mathrm{d}\theta$ 的应变,根据材料力学公式,沿 $\pi/2-\theta$ 方向($\pi/2-\theta$ 方向指的是微段 $r\mathrm{d}\theta$ 的切线方向)的应变为

$$\varepsilon_\theta = \frac{\varepsilon_x + \varepsilon_y}{2} + \frac{\varepsilon_x - \varepsilon_y}{2}\cos 2\left(\frac{\pi}{2} - \theta\right) - \frac{\gamma}{2}\sin 2\left(\frac{\pi}{2} - \theta\right) \tag{1-5-12}$$

由于是单向应变场,因此 $\varepsilon_y = \gamma = 0$,式(1-5-12)变为

$$\varepsilon_\theta = \frac{\varepsilon_x}{2} - \frac{\varepsilon_x}{2}\cos 2\theta = \varepsilon_x\sin^2\theta \tag{1-5-13}$$

因此,$r\mathrm{d}\theta$ 部分的电阻变化量为

$$\Delta R_{r\mathrm{d}\theta} = RK_0\varepsilon_\theta = r\mathrm{d}\theta\zeta K_0\varepsilon_x\sin^2\theta \tag{1-5-14}$$

式(1-5-14)中,θ 在 $[0,\pi]$ 区间积分便可得到一个弯头的电阻变化量

$$\Delta R_r^1 = \int_0^\pi r\mathrm{d}\theta\zeta K_0\varepsilon_x\sin^2\theta = r\zeta K_0\varepsilon_x\int_0^\pi \sin^2\theta\mathrm{d}\theta$$

$$= \frac{1}{2}r\zeta K_0\varepsilon_x\int_0^\pi 2\sin^2\theta\mathrm{d}\theta = \frac{1}{2}r\zeta K_0\varepsilon_x\int_0^\pi (1-\cos 2\theta)\mathrm{d}\theta$$

$$= \frac{1}{2}r\zeta K_0\varepsilon_x(\theta - \sin 2\theta)\Big|_0^\pi = \frac{r\zeta K_0\pi\varepsilon_x}{2} \tag{1-5-15}$$

根据式(1-5-15)便可得到 $n-1$ 个弯头沿 x 方向的电阻变化量

$$\Delta R_r = (n-1)\Delta R_r^1 = \frac{(n-1)r\zeta K_0\pi\varepsilon_x}{2} \tag{1-5-16}$$

第二个应变片电阻变化量为直线段变化量与弯头段变化量之和,即

$$\Delta R_2 = \Delta R_r = \frac{(n-1)r\zeta K_0\pi\varepsilon_x}{2} \tag{1-5-17}$$

根据式(1-5-11)和式(1-5-17),以及横向效应系数的定义可得

$$H = \frac{\dfrac{\Delta R_B}{R}}{\dfrac{\Delta R_L}{R}} = \frac{\Delta R_B}{\Delta R_L} = \frac{\dfrac{(n-1)r\zeta K_0 \pi \varepsilon_x}{2}}{nL\zeta K_0 \varepsilon_x + \dfrac{(n-1)r\zeta K_0 \pi \varepsilon_x}{2}} \tag{1-5-18}$$

即

$$H = \frac{(n-1)r\pi}{2nL + (n-1)r\pi} \tag{1-5-19}$$

分别定义应变片的纵向灵敏系数 K_L 和横向灵敏系数 K_B，则可将应变片的电阻变化率写成纵向变化率和横向变化率的形式，即

$$\begin{cases} \dfrac{\Delta R_L}{R} = K_L \varepsilon_x \\ \dfrac{\Delta R_B}{R} = K_B \varepsilon_y \end{cases} \tag{1-5-20}$$

因此，横向效应系数也可定义为横向灵敏系数与纵向灵敏系数的比值，即

$$H = \frac{\Delta R_B / R}{\Delta R_L / R} = \frac{K_B}{K_L} \tag{1-5-21}$$

根据式(1-5-20)与式(1-5-21)，应变片的总电阻变化率则等于纵向变化率与横向变化率之和，即

$$\frac{\Delta R}{R} = K_L \varepsilon_x + K_B \varepsilon_y = K_L \varepsilon_x + H K_L \varepsilon_y \tag{1-5-22}$$

采用图1-5-6所示等强度梁实验平台，沿梁轴线方向粘贴一枚应变片，编号为 R_1，垂直轴线方向粘贴一枚应变片，编号为 R_2。对等强度梁加载时，梁轴线方向的真实应变为 ε_1，梁横向的真实应变为 ε_2，材料泊松比为 μ，则有

$$\varepsilon_2 = -\mu \varepsilon_1 \tag{1-5-23}$$

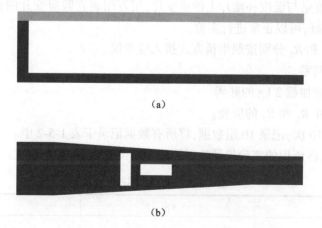

图1-5-6 等强度梁测量应变片横向效应系数试验台

用静态电阻应变仪分别测量两枚应变片的电阻变化率，则可得

$$\begin{cases} \dfrac{\Delta R_1}{R_1} = K_{仪}\,\varepsilon_{仪_1} = K_L\varepsilon_1 + K_B\varepsilon_2 = K_L\varepsilon_1 + HK_L\varepsilon_2 \\ \dfrac{\Delta R_2}{R_2} = K_{仪}\,\varepsilon_{仪_2} = K_B\varepsilon_1 + K_L\varepsilon_2 = HK_L\varepsilon_1 + K_L\varepsilon_2 \end{cases} \tag{1-5-24}$$

$$\Rightarrow \begin{cases} \dfrac{\Delta R_1}{R_1} = K_{仪}\,\varepsilon_{仪_1} = K_L\varepsilon_1 + HK_L(-\mu\varepsilon_1) = \varepsilon_1 K_L(1-\mu H) \\ \dfrac{\Delta R_2}{R_2} = K_{仪}\,\varepsilon_{仪_2} = HK_L\varepsilon_1 + K_L(-\mu\varepsilon_1) = \varepsilon_1 K_L(H-\mu) \end{cases} \tag{1-5-25}$$

$$\Rightarrow \dfrac{K_{仪}\,\varepsilon_{仪_1}}{K_{仪}\,\varepsilon_{仪_2}} = \dfrac{\varepsilon_1 K_L(1-\mu H)}{\varepsilon_1 K_L(H-\mu)} \tag{1-5-26}$$

$$\Rightarrow \dfrac{\varepsilon_{仪_1}}{\varepsilon_{仪_2}} = \dfrac{1-\mu H}{H-\mu} \tag{1-5-27}$$

$$\Rightarrow H\varepsilon_{仪_1} - \mu\varepsilon_{仪_1} = \varepsilon_{仪_2} - \mu H\varepsilon_{仪_2} \tag{1-5-28}$$

$$\Rightarrow H\varepsilon_{仪_1} + \mu H\varepsilon_{仪_2} = \varepsilon_{仪_2} + \mu\varepsilon_{仪_1} \tag{1-5-29}$$

$$\Rightarrow H(\varepsilon_{仪_1} + \mu\varepsilon_{仪_2}) = \varepsilon_{仪_2} + \mu\varepsilon_{仪_1} \tag{1-5-30}$$

最终得到横向效应系数 H 为

$$H = \dfrac{\varepsilon_{仪_2} + \mu\varepsilon_{仪_1}}{\varepsilon_{仪_1} + \mu\varepsilon_{仪_2}} \tag{1-5-31}$$

式(1-5-31)为应用等强度梁测量电阻应变片横向效应系数的公式。

四、实验步骤与实验数据记录

用图 1-5-6 所示等强度梁测定电阻应变片的横向效应系数。

(1)检查等强度梁与温度补偿片上的应变片,用万用表查验应变片的初始电阻,在 120 Ω 左右表示应变片完好,可以正常进行实验。

(2)应变片 R_1 和 R_2 分别按照半桥方式接入应变仪。

(3)将应变仪调零。

(4)对等强度梁加载 2 kg 的砝码。

(5)记录应变片 R_1 和 R_2 的应变。

(6)重复加载 10 次,记录 10 组数据,将所有数据记录于表 1-5-2 中。

(7)关闭仪器,将所用的实验仪器放回原位。

表 1-5-2　应变数据记录/$\mu\varepsilon$

组　别	$\varepsilon_{仪1}$	$\varepsilon_{仪2}$
第一组		
第二组		
第三组		

续上表

组 别	$\varepsilon_{仪1}$	$\varepsilon_{仪2}$
第四组		
第五组		
第六组		
第七组		
第八组		
第九组		
第十组		
平均值		
标准差		

五、仿真实验

（1）运行实验应力分析仿真实验软件，单击"电阻应变片横向效应系数测定"按钮，进入"电阻应变片横向效应系数测定"仿真实验界面，如图 1-5-7 所示。

（2）在"载荷"右边的文本框里输入载荷，单位为 N，输入的值代表了在等强度梁上加载的载荷。

（3）软件界面上单击"第一次实验"，右边的文本框显示实验对应的纵向应变与横向应变，输出的应变为微应变，即数据乘 10^{-6} 为实际应变。

（4）依次单击"第二次实验"、……、"第十次实验"，记录十次实验的纵向应变与横向应变，如图 1-5-8 所示。

（5）记录完所有数据后，单击软件界面的"返回"按钮，返回仿真软件主界面，单击"结束"按钮，退出仿真软件。

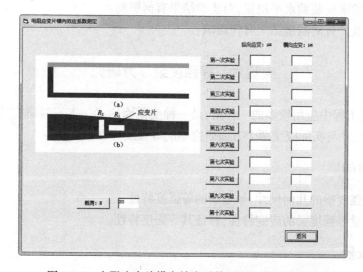

图 1-5-7　电阻应变片横向效应系数测定仿真实验界面

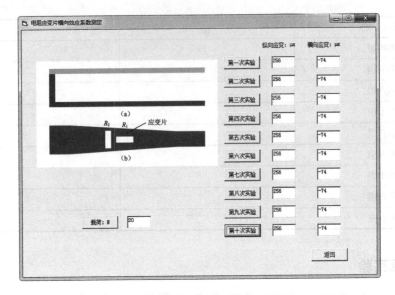

图 1-5-8 电阻应变片横向效应系数测定仿真实验结果

六、实验数据分析

根据表 1-5-2 的数据以及式(1-5-32)得出应变片的横向效应系数 H,即

$$H = \frac{\varepsilon_{仪_2} + \mu\varepsilon_{仪_1}}{\varepsilon_{仪_1} + \mu\varepsilon_{仪_2}} \qquad (1\text{-}5\text{-}32)$$

七、思考题

(1) 等强度梁未安装到水平位置,对实验结果有何影响?
(2) 砝码加载位置对测量结果有何影响?

实验六　等强度梁应力研究

等强度梁是工程中应用较多的一种梁,是一种变截面的梁。本实验研究等强度梁的等强度特性,从几何尺寸与实际应变两个方面研究梁的等强度特性。

一、实验目的

(1) 根据等强度梁的几何尺寸,推导梁的等强度特性。
(2) 实验测量等强度梁的应变特性,验证其等强度特性。

二、实验仪器

实验用到的仪器见表 1-6-1。

表 1-6-1 实验仪器

序 号	名 称
1	等强度梁实验台
2	静态电阻应变仪
3	砝码
4	游标卡尺
5	万用表

三、实验原理

对图 1-6-1 所示的梁,可以写出其弯矩方程为

$$M(x) = FL - Fx \tag{1-6-1}$$

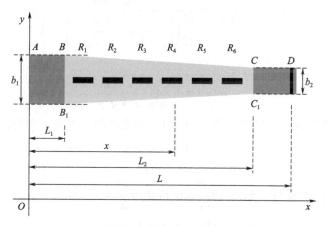

图 1-6-1 等强度梁及应变片粘贴示意图

对整个梁来说,虽然横截面面积是变化的,但是任意位置均是矩形截面,并且厚度 h 是固定的,仅仅是截面宽度 b 随着梁位置 x 变化,因此按照定义梁对中性轴的惯性矩可写为

$$I(x) = \int_{-\frac{h}{2}}^{\frac{h}{2}} y^2 dA = \int_{-\frac{h}{2}}^{\frac{h}{2}} y^2 b(x) dy \tag{1-6-2}$$

式(1-6-2)中 $b(x)$ 仅仅是梁截面位置 x 的函数,因此式(1-6-2)可写为

$$I(x) = \int_{-\frac{h}{2}}^{\frac{h}{2}} y^2 b(x) dy = b(x) \int_{-\frac{h}{2}}^{\frac{h}{2}} y^2 dy = \frac{h^3}{12} b(x) \tag{1-6-3}$$

根据图 1-6-1 中梁的几何尺寸,BB_1 截面宽度为 b_1,CC_1 截面宽度为 b_2,且 BC 与 B_1C_1 均为直线,因此 $b(x)$ 是关于 x 的一次函数,令 $b(x)$ 的方程为

$$b(x) = px + q \tag{1-6-4}$$

根据图 1-6-1 中尺寸可得

$$\begin{cases} b(L_1) = pL_1 + q = b_1 \\ b(L_2) = pL_2 + q = b_2 \end{cases} \tag{1-6-5}$$

因此可得 p、q 分别为

$$\begin{cases} p = \dfrac{b_1 - b_2}{L_1 - L_2} \\ q = \dfrac{L_1 b_2 - L_2 b_1}{L_1 - L_2} \end{cases} \tag{1-6-6}$$

因此 $b(x)$ 的解析式为

$$b(x) = \frac{b_1 - b_2}{L_1 - L_2} x + \frac{L_1 b_2 - L_2 b_1}{L_1 - L_2} \tag{1-6-7}$$

将式(1-6-7)代入式(1-6-3)可得

$$I(x) = \frac{h^3}{12}\left(\frac{b_1 - b_2}{L_1 - L_2} x + \frac{L_1 b_2 - L_2 b_1}{L_1 - L_2}\right) \tag{1-6-8}$$

再利用横弯曲时的正应力公式可得任意位置的正应力为

$$\sigma(x) = \frac{M(x)}{I(x)} y = \frac{FL - Fx}{\dfrac{h^3}{12}\left(\dfrac{b_1 - b_2}{L_1 - L_2} x + \dfrac{L_1 b_2 - L_2 b_1}{L_1 - L_2}\right)} y \tag{1-6-9}$$

化简得

$$\sigma(x) = -\frac{12 y F}{h^3 p} \cdot \frac{x - L}{x + q/p} \tag{1-6-10}$$

由于是等强度梁，$\sigma(x)$ 是常数，即式(1-6-10)所表达的应力与 x 无关，因此令

$$T = \frac{x - L}{x + q/p} = \frac{x + q/p - q/p - L}{x + q/p} = 1 - \frac{q/p + L}{x + q/p} \tag{1-6-11}$$

式(1-6-11)中的 T 也与 x 无关，即 $\dfrac{\partial T}{\partial x} \equiv 0$，因此令 $\dfrac{\partial T}{\partial x} = 0$ 可得

$$\frac{\partial T}{\partial x} = \frac{q/p + L}{(x + q/p)^2} = 0 \tag{1-6-12}$$

解得

$$L = -q/p \tag{1-6-13}$$

将式(1-6-6)代入式(1-6-13)可得

$$L = -q/p = \frac{L_2 b_1 - L_1 b_2}{b_1 - b_2} \tag{1-6-14}$$

经过上述推导，当等强度梁的尺寸满足式(1-6-14)时，梁便具有了等强度梁的特性。利用电阻应变测量技术测量等强度梁的等强度特性，在梁的上表面沿轴线方向粘贴六枚应变片，分别测量其应变，查看其应变是否相等，相等则证实梁为等强度梁。

四、实验步骤与实验数据记录

(1) 用游标卡尺测量等强度梁的几何尺寸，并记录于表 1-6-2 中。

(2) 检查等强度梁与温度补偿片上的应变片，用万用表查验应变片的初始电阻，在 120 Ω 左右表示应变片完好，可以正常进行实验。

(3) 将等强度梁上的六个应变片按照 1/4 桥的方式同时接在应变仪的六个通道上，在公

共补偿端接上温度补偿片。

(4)安装好等强度梁。

(5)打开应变仪,将应变仪调零。

(6)在 D 点位置加载 2 kg 的砝码。

(7)依次记录六个位置的应变。

(8)重复加载五次,记录五组数据,将所有数据记录于表 1-6-3 中。

(9)关闭仪器,将所用的实验仪器放回原位。

表 1-6-2　等强度梁几何尺寸　　　　　　　　　　　　　　　　　单位:mm

L_1	L_2	L	b_1	b_2

表 1-6-3　实验测量的应变值/$\mu\varepsilon$

组　别	ε_1	ε_2	ε_3	ε_4	ε_5	ε_6
第一组						
第二组						
第三组						
第四组						
第五组						
平均值						
标准差						

五、仿真实验

(1)运行实验应力分析仿真实验软件,单击"等强度梁应力研究"按钮,进入"等强度梁应力研究"仿真实验界面,如图 1-6-2 所示。

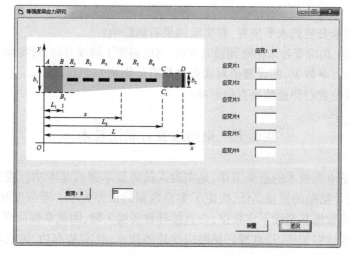

图 1-6-2　等强度梁应力研究仿真实验界面

(2)在"载荷"右边的文本框里输入载荷,单位为 N,输入的载荷代表了在等强度梁上加载的载荷。

(3)软件界面上单击"测量","应变片 1"右边的文本框显示第一个应变片的应变,输出的应变为微应变,即数据乘 10^{-6} 为实际应变;同理,"应变片 2"、……、"应变片 6"显示了应变片 2~应变片 6 的应变,如图 1-6-3 所示。

(4)记录完所有数据后,单击软件界面的"返回"按钮,返回仿真软件主界面,单击"结束"按钮,退出仿真软件。

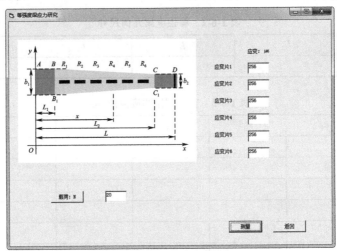

图 1-6-3 等强度梁应力研究仿真实验结果

六、实验数据分析

(1)根据表 1-6-2 的数据,验证梁的尺寸是否满足等强度梁的条件。
(2)根据表 1-6-3 的数据,验证梁的应变是否满足等强度梁的条件。

七、思考题

(1)等强度梁未安装到水平位置,对实验结果有何影响?
(2)等强度梁上的应变片未粘贴到轴向方向,方向偏离了轴线方向,对实验结果有何影响?
(3)应变仪灵敏系数 $K_{仪}$ 的设置值对实验结果有何影响?
(4)砝码加载位置对测量结果有何影响?

实验七 电阻应变片粘贴技术

粘贴应变片是电测技术的重要工作,是实验人员需要掌握的基本功。应变片粘贴是非常细致的工作,应变片粘贴的质量高低,决定了实验数据的误差大小。若应变片粘贴质量太差,可能会读不出正确数据甚至读不出数据,会直接导致实验失败,因此掌握应变片的粘贴技术至关重要。初学者应该多加练习,掌握好粘贴应变片的技术,扎实基本功,为成功进行电测实验打好基础。

一、实验目的

掌握应变片的粘贴技术。

二、实验仪器与耗材

实验用到的仪器与耗材见表 1-7-1。

表 1-7-1 实验仪器与耗材

序 号	名 称
1	电阻应变片
2	低碳钢试件
3	导线、焊锡
4	恒温电烙铁
5	万用表
6	偏口钳、剥线钳、镊子
7	砂纸、脱脂棉
8	无水乙醇、丙酮
9	502 胶水或其他黏合剂

三、应变片粘贴示意图

本实验要求在低碳钢试件上粘贴两枚应变片,沿轴线方向粘贴一枚应变片,沿垂直轴线方向粘贴一枚应变片,如图 1-7-1 所示。图 1-7-2 为应变片粘贴技术细节,A 为应变片,B 为在试件上划的十字定位线,C 是用于绝缘目的的透明胶带,D 为应变片导线连接端子,用于连接应变片引出线与导线,E 为固定导线的胶布,F 为导线。实验要求按照图 1-7-1 所示的方位、预期效果粘贴应变片。

图 1-7-1 应变片粘贴示意图

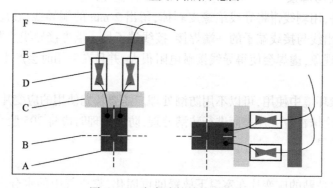

图 1-7-2 应变片粘贴技术细节

四、实验步骤

1. 检查、筛选应变片

粘贴应变片前,首先检查应变片的外观,将敏感栅有形状缺陷、片内有气泡、霉变、锈点或敏感栅的方向与基底不平行等缺陷的应变片剔除,这样的应变片由于本身缺陷会导致很大的误差。

用万用表逐一测量筛选后的应变片,检查应变片是否有断路、短路情况,并按照电阻值选配,使得每组实验所用的应变片电阻值差异不超过 $0.5\ \Omega$,电阻差异过大时无法在一起使用。

2. 构件表面的处理

试件表面清洗:将试件表面清洗干净,除去表面的油漆、胶水、电镀层、氧化层、锈斑等,油污可用丙酮等有机清洗剂清洗。

打磨:用砂纸在需要粘贴应变片的位置打磨表面,打磨时首先选用粗砂纸打磨,然后用细砂纸打磨,打磨时与粘贴应变片的方向成±45°方向交叉打磨出纹路,这样使得在粘贴时加强胶层附着力,提高黏结强度。

划线:在预计需要粘贴应变片的地方划出细微的十字定位线,划线时尽可能轻,不要划太深的划痕,划线后表面不允许出现不平整现象,如果有,需要用砂纸再次打磨。

清洗:用脱脂棉蘸上丙酮或者无水乙醇等挥发性溶液清洗表面,应多次清洗,直到棉球上无污渍为止。

处理好表面的试件要妥善放置,不可用手触摸表面,也不可口吹表面,这样容易使得表面生锈,如果手上有粉尘或者汗液,还会导致应变片粘贴不牢固。

3. 粘贴应变片

粘贴时首先检查应变片的引出线,应变片的引出线朝上粘贴,如果朝下粘贴,对于绝缘体材料在不受潮的情况下可以短期内使用,对于导电性材料,将直接导致应变片短路,无法继续使用。

粘贴时应掌握好时机,在粘贴位置涂薄薄一层 502 胶水,不可太多也不可太少,涂抹完胶水后,手捏应变片引出线,将应变片对准十字线粘贴,在应变片上放一层塑料薄膜(或手指上缠上塑料薄膜),用手指滚压应变片,挤出多余的胶水和气泡,整个过程中不要移动应变片。

4. 绝缘

待 502 胶水稍干以后,用镊子轻轻将应变片引线拉离试件表面,防止引线粘固在试件上。在每个应变片引出线下面贴一片透明胶,作为绝缘胶带使用,防止引出线和试件短路。

5. 导线的固定与焊接

将导线准备好,用剥线钳将导线绝缘皮剥掉,留出 2 mm 的铜导线,在应变片与导线之间粘贴接线端子,引出线与接线端子的一端焊接,接线端子另一端焊接导线。焊接时要将焊点焊透,不能有虚焊的现象,虚焊会使得导线接触电阻很大,并且在使用时会产生虚假信号。

6. 防潮处理

短期内在干燥环境中使用,可以不用防潮处理。需要长期使用的应变片,需要进行防潮处理,可以 705 胶水涂抹在应变片表面进行防潮处理,防潮处理时应将 705 胶水完全覆盖应变片才能达到防潮的效果。

7. 固化

采用 502 胶水粘贴的应变片在室温下放置即可固化,靠空气中的水分产生聚合反应即可充分固化,不需要加热加压固化,固化后具有较强的黏结强度。固化以后的应变片才能进行下一步的实验使用。

五、实验结果查验

(1)通路检查,用万用表检查应变片的电阻值,将万用表表笔接在两根导线上,这时电阻应该在 120 Ω 左右。远远大于 120 Ω 说明有断路的地方,介于 0~120 Ω 之间,说明应变片有部分短路的现象。

(2)绝缘检查,检查应变片引出线与金属试件之间的绝缘电阻,一般要求大于 100 MΩ。

(3)采用上述的检查步骤一般来说比较耗费时间,在实验教学中可以利用应变仪快速检查,将所粘贴的两个应变片按照半桥接法接入应变仪,将应变仪调零,如果应变仪读数能够稳定在零附近,变化很小,说明粘贴的应变片符合要求。

六、实验报告

(1)认真总结应变片的粘贴过程,特别是在粘贴过程中出现的错误需要总结分析,并加以改进,在以后的应用中避免同样的错误出现。

(2)将应变片粘贴的最终效果拍照,打印后粘贴在实验报告上,如图 1-7-3~图 1-7-5 所示。实验报告要求拍三张照片,两个应变片各拍一张照片,照片能看出应变片的粘贴效果,是否按预定方向粘贴,粘贴是否平整、是否有气泡、焊点是否均匀,另一张为试件整体照片。

图 1-7-3 应变片粘贴实验整体照片

图 1-7-4 纵向应变片照片　　图 1-7-5 横向应变片照片

实验八 等量加载法测量材料常数——轴向拉伸

测量材料常数最常用的方法是轴向拉伸法,轴向拉伸法常见的有连续加载法和等量加载法。本实验用等量加载法测量低碳钢试件的材料常数。

一、实验目的

通过实验测定试件的弹性模量 E 与泊松比 μ。

二、实验仪器

实验用到的仪器见表 1-8-1。

表 1-8-1 实验仪器

序号	名称
1	微机控制电子万能试验机
2	圆柱形低碳钢拉伸试件
3	静态电阻应变仪
4	游标卡尺
5	万用表

三、实验原理

采用实验粘贴好应变片的试件,将试件的纵向应变片与横向应变片分别按半桥方式连接应变仪,如图 1-8-1 所示。加载采用微机控制电子万能试验机,加载方式用等量加载法。

图 1-8-1 圆柱试件应变片粘贴分布图

根据所用试件,假设直径为 d,标距长度为 L,等量加载法获得了表 1-8-2 所示的实验数据。

表 1-8-2 等量加载法获得的实验数据

数据	1	2	3	4	5	6	7
F/kN							
σ/MPa							
$\varepsilon_{纵}/\mu\varepsilon$							
$\varepsilon_{横}/\mu\varepsilon$							

根据实验数据,找出拉伸过程的线性范围,利用线性范围的数据可以得到试件的弹性模量

E 和泊松比 μ。

$$E = \frac{\overline{\Delta\sigma}}{\overline{\Delta\varepsilon_{纵}}} = \frac{1}{A}\frac{\overline{\Delta F}}{\overline{\Delta\varepsilon_{纵}}} = \frac{4}{\pi d^2}\frac{\overline{\Delta F}}{\overline{\Delta\varepsilon_{纵}}} \tag{1-8-1}$$

$$\mu = \left|\frac{\overline{\Delta\varepsilon_{横}}}{\overline{\Delta\varepsilon_{纵}}}\right| \tag{1-8-2}$$

式中,$\overline{\Delta\sigma}$ 为应力增量的平均值;$\overline{\Delta\varepsilon_{纵}}$ 为纵向应变增量的平均值;$\overline{\Delta\varepsilon_{横}}$ 为横向应变增量的平均值。

根据实验数据的线性范围,也可以用拟合经验公式的方法得到试件的弹性模量 E 和泊松比 μ。

在线性范围内,应力与纵向应变满足胡克定律,因此假设实验数据的应力与纵向应变满足

$$\sigma = E\varepsilon_{纵} \tag{1-8-3}$$

根据表 1-8-2 中数据,采用实验二中拟合一次函数的方法,可以得到式(1-8-3)中 E 的值, E 的值便是所要求解的弹性模量。

在线性范围内,横向应变与纵向应变满足泊松比的关系,因此假设实验数据的横向应变与纵向应变满足

$$\varepsilon_{横} = -\mu\varepsilon_{纵} \tag{1-8-4}$$

据表 1-8-2 中数据,采用实验二中拟合一次函数的方法,可以得到式(1-8-4)中 μ 的值,μ 的值便是所要求解的泊松比。

四、实验步骤与实验数据记录

(1)检查拉伸试件与温度补偿片上的应变片,用万用表查验应变片的初始电阻,在 120 Ω 左右表示应变片完好,可以正常进行实验。

(2)将应变片连接到应变仪上,按照半桥方法分别连接纵向应变片与横向应变片,连接好应变仪后打开应变仪。

(3)打开万能试验机电源,启动计算机,运行万能试验机控制软件。

(4)记录试件直径、长度,将试件夹持在万能试验机上。

(5)在万能试验机控制软件界面将力、位移、变形调零,采用力控制模式,加载速度设置为 1 kN/s。

(6)对试件逐级加载,每级加载差量为 2 kN,具体方法如下:单击万能试验机控制软件界面的"开始"按钮,在力保持目标文本框内输入 2,再单击"应用"按钮,操作完成后,万能试验机开始加载。待控制软件上力稳定为 2 kN 时,表明试件上加载的力达到 2 kN。完成 2 kN 加载后,在力保持目标文本框内输入 4,再单击"应用"按钮,操作完成后,万能试验机继续加载。待控制软件上力稳定为 4 kN 时,表明试件上加载的力达到 4 kN。完成 4 kN 加载后,在力保持目标文本框内输入 6,再单击"应用"按钮,操作完成后,万能试验机继续加载。待控制软件上力稳定为 6 kN 时,表明试件上加载的力达到 6 kN。采用此方法逐级加载到 18 kN。

(7)在步骤(6)的逐级加载过程中,在每级加载结束后记录相应的力与应变于表 1-8-3 中。

(8) 卸载,完成 0~18 kN 的逐级加载,并记录完数据之后,对试件进行卸载,具体操作方法为:单击万能试验机控制软件界面上的"停止"按钮,单击万能试验机控制软件界面上的"复位"按钮,直到万能试验机控制软件上力的瞬时值接近 0 为止。

(9) 取下试件,关闭仪器,将所用的实验仪器放回原位。

直径:$d=$ _____ mm   长度:$L=$ _____ mm

表 1-8-3 实验数据记录

F/kN	σ/MPa	$\varepsilon_纵$/$\mu\varepsilon$	$\varepsilon_横$/$\mu\varepsilon$
0			
2			
4			
6			
8			
10			
12			
14			
16			
18			

五、仿真实验

(1) 运行实验应力分析仿真实验软件,单击"等量加载法测量材料常数——轴向拉伸"按钮,进入"等量加载法测量材料常数——轴向拉伸"仿真实验界面,如图 1-8-2 所示。

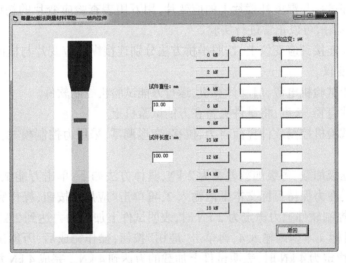

图 1-8-2 等量加载法测量材料常数——轴向拉伸仿真实验界面

(2) 在"试件直径:mm"下边的文本框输入试件直径,单位为 mm;在"试件长度:mm"下边文本框输入试件长度,单位为 mm。

（3）软件界面上单击"0 kN"，右边的文本框则显示了实验对应的纵向应变与横向应变，输出的应变为微应变，即数据乘 10^{-6} 为实际应变。

（4）依次单击"2 kN"、……、"18 kN"，记录 0～18 kN 等量加载对应的纵向应变与横向应变，如图 1-8-3 所示。

（5）记录完所有数据后，单击软件界面的"返回"按钮，返回仿真软件主界面，单击"结束"按钮，退出仿真软件。

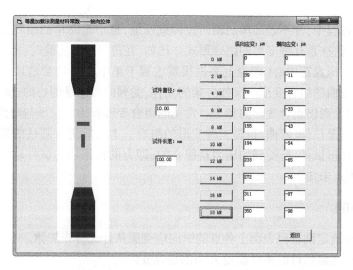

图 1-8-3　等量加载法测量材料常数——轴向拉伸仿真实验结果

六、实验数据分析

（1）根据表 1-8-3 记录的数据，绘制应力-纵向应变图，如图 1-8-4 所示，并采用拟合直线的方法，给出材料的弹性模量 E。

（2）根据表 1-8-3 记录的数据，绘制横向应变-纵向应变图，如图 1-8-5 所示，并采用拟合直线的方法，给出材料的泊松比 μ。

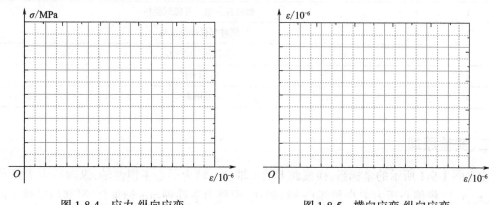

图 1-8-4　应力-纵向应变　　　　　　　　图 1-8-5　横向应变-纵向应变

$\sigma = E\varepsilon_{纵} = (\qquad)\varepsilon_{纵}$　　　　　　$\varepsilon_{横} = -\mu\varepsilon_{纵} = -(\qquad)\varepsilon_{纵}$

七、思考题

(1) 横向应变片与纵向应变片未粘贴在同一条纵向线上,对实验结果有何影响?

(2) 如果仪器存在偏心,对实验结果有何影响?

实验九　偏心压缩

构件在服役过程中,并不是简单的轴向拉伸或压缩,也不是简单的扭转,也不是单一的纯弯曲或者横弯曲,往往是几种变形的组合形式。比如,在进行压缩实验时,由于仪器的误差,或者试件没能放置在压盘正中心(理论上来说很难放置于正中心),均会造成偏心,此时的变形状态便是压缩与弯曲的组合变形。又如房梁的立柱,受到的力也是偏心的,桥梁的桥墩受到的力也是偏心的,均表现出组合变形的特点。常见的组合变形有轴向拉压与弯曲组合变形、弯曲与扭转组合变形以及拉伸、弯曲、扭转三种变形的组合。本实验进行圆柱的偏心压缩实验,所使用的试件为圆柱形试件,所受到的压力是偏心的,即力的作用线与试件轴线平行,但是不重合,并且力的作用点未知。

一、实验目的

(1) 通过实验确定圆柱侧表面上各点的纵向应变服从什么分布规律。

(2) 通过实验测定试件的弹性模量 E 与泊松比 μ。

(3) 通过实验测定压力的作用点坐标 (x_0, y_0)。

(4) 通过实验确定横截面上的弯矩。

二、实验仪器

实验用到的仪器见表 1-9-1。

表 1-9-1　实验仪器

序　号	名　　称
1	微机控制电子万能试验机
2	圆柱形低碳钢试件
3	静态电阻应变仪
4	游标卡尺
5	万用表

三、实验原理

建立图 1-9-1 所示的坐标系,横截面上的 x 轴和 y 轴为形心主惯性轴,纵向压力 F 的作用点为 (x_0, y_0),将偏心压力 F 向轴线(z 轴)简化,即将力平移到与 z 轴重合,平移后试件上的受力可等效为一个轴向压力 F 与两个弯矩 $M_x = Fy_0$、$M_y = Fx_0$ 之和,因此试件上任意一点的正应力可以看作轴向压应力与弯曲正应力之和。

由轴向压力引起的正应力为

$$\sigma' = -\frac{F}{A} \tag{1-9-1}$$

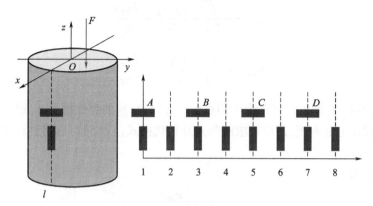

图 1-9-1　圆柱试件受力图与应变片粘贴分布图

由弯矩 M_x 引起的弯曲正应力为

$$\sigma'' = \frac{M_x y}{I_x} = -\frac{Fy_0 y}{I_x} \tag{1-9-2}$$

由弯矩 M_y 引起的弯曲正应力为

$$\sigma''' = \frac{M_y x}{I_y} = -\frac{Fx_0 x}{I_y} \tag{1-9-3}$$

试件上任意一点的正应力为

$$\sigma = \sigma' + \sigma'' + \sigma''' = -\frac{F}{A} - \frac{Fy_0 y}{I_x} - \frac{Fx_0 x}{I_y} \tag{1-9-4}$$

试件在纵向压力与弯矩的作用下处于单向应力状态，应用胡克定律可得到试件上任意一点的纵向应变为

$$\varepsilon = \frac{\sigma}{E} = -\frac{F}{EA} - \frac{Fy_0 y}{EI_x} - \frac{Fx_0 x}{EI_y} \tag{1-9-5}$$

式(1-9-5)表示了圆柱形试件在偏心压力作用下纵向应变与压力及压力作用点的关系。

在进行偏心压缩实验时，压力作用点 (x_0, y_0) 未知，材料弹性模量 E 也是未知的，并且需要实验测定压力作用点与材料的弹性模量，因此，由式(1-9-5)出发，讨论如何根据实验数据确定压力作用点与弹性模量。

式(1-9-5)中，纵向应变 ε 可以由应变仪测得，为已知数据；惯性矩 I_x 与 I_y 仅仅与截面形状有关，可以通过惯性矩的定义计算，为已知数据；x、y 为应变片的坐标，粘贴应变片时已经确定，为已知数据；压力 F 由万能试验机读出，为已知数据；因此，式(1-9-5)中只有压力作用点 (x_0, y_0) 以及弹性模量 E 未知，为了求解出未知数，原则上只需要三个纵向应变即可，根据三个纵向应变，可以得到方程组

$$\begin{cases} \varepsilon_1 = -\dfrac{F}{EA} - \dfrac{Fy_0 y_1}{EI_x} - \dfrac{Fx_0 x_1}{EI_y} \\ \varepsilon_2 = -\dfrac{F}{EA} - \dfrac{Fy_0 y_2}{EI_x} - \dfrac{Fx_0 x_2}{EI_y} \\ \varepsilon_3 = -\dfrac{F}{EA} - \dfrac{Fy_0 y_3}{EI_x} - \dfrac{Fx_0 x_3}{EI_y} \end{cases} \qquad (1\text{-}9\text{-}6)$$

解方程组(1-9-6)，即可得到压力作用点(x_0, y_0)与材料的弹性模量E，根据压力点的坐标可进一步确定截面上的弯矩，最后将求解的未知数代回式(1-9-5)可以得到圆柱侧表面的应变分布规律。

泊松比定义为

$$\mu = \left| \dfrac{\varepsilon_{\text{横}}}{\varepsilon_{\text{纵}}} \right| \qquad (1\text{-}9\text{-}7)$$

根据粘贴的应变片，测量出对应的横向应变与纵向应变，即可计算出材料的泊松比。

虽然可以通过求解方程组(1-9-6)的方法完成本实验，但是求解方程的过程较为烦琐，下面介绍应用 MATLAB 软件中 lsqcurvefit 函数求解的方法。

对式(1-9-5)中的变量进行变换，即令

$$\begin{cases} I = I_x = I_y \\ x = R\cos\alpha \\ y = R\sin\alpha \\ x_0 = r\cos\theta \\ x_0 = r\sin\theta \end{cases} \qquad (1\text{-}9\text{-}8)$$

将式(1-9-8)代入式(1-9-5)得

$$\varepsilon = \dfrac{\sigma}{E} = -\dfrac{F}{EA} - \dfrac{Fy_0 y}{EI_x} - \dfrac{Fx_0 x}{EI_y}$$

$$= -\dfrac{F}{EA} - \dfrac{F}{EI}Rr\sin\alpha\sin\theta - \dfrac{F}{EI}Rr\cos\alpha\cos\theta$$

$$= -\dfrac{F}{EA} - \dfrac{F}{EI}Rr\cos(\alpha - \theta) \qquad (1\text{-}9\text{-}9)$$

式(1-9-9)中令

$$\begin{cases} a = -\dfrac{F}{EA} \\ b = -\dfrac{FRr}{EI} \\ c = -\theta \end{cases} \qquad (1\text{-}9\text{-}10)$$

因此，式(1-9-9)变为

$$\varepsilon = a + b\cos(\alpha + c) \tag{1-9-11}$$

显然,式(1-9-11)中 ε 与 α 为余弦函数关系,参考本书实验二,应用 MATLAB 的 lsqcurvefit 函数,可以方便快捷地求解出式(1-9-11)中的未知数 a、b、c,求解出 a、b、c 之后,联合式(1-9-8)与式(1-9-10)即可求解出压力作用点 (x_0, y_0) 与材料的弹性模量 E。

四、实验步骤与实验数据记录

(1)检查圆柱形试件与温度补偿片上的应变片,用万用表查验应变片的初始电阻,在 120 Ω 左右表示应变片完好,可以正常进行实验。

(2)将应变片连接到应变仪上,按照 1/4 桥接线方法连接,在公共补偿端连接温度补偿片,连接好应变仪后打开应变仪。

(3)打开万能试验机电源,启动计算机,运行万能试验机控制软件。

(4)记录试件直径,将试件放置于万能试验机下压盘上,放置试件时有微小偏心即可,要严格控制偏心量,切不可使偏心量过大,避免出现危险事件,偏心量过大在实验过程中试件有被挤出来的可能。

(5)调整万能试验机上压盘与试件上表面的初始间隙,大约 5 mm 即可,要特别注意的是在调整初始间隙时,试验机上压盘不可以直接撞击试件,直接撞击试件时有可能损坏万能试验机的传感器。

(6)在万能试验机控制软件界面将力、位移、变形调零,采用力控制模式,加载速度设置为 1 kN/s。

(7)对试件预加载到 5 kN,具体操作方法为:单击万能试验机控制软件界面的"开始"按钮,在力保持目标文本框内输入 5,再单击"应用"按钮,操作完成后,万能试验机开始加载。

(8)待控制软件上力稳定为 5 kN 时,表明试件上加载的力达到 5 kN,这时将应变仪数据调零。

(9)加载到 55 kN,具体操作方法为:在万能试验机控制软件界面的力保持目标文本框内输入 55,单击"应用"按钮,操作完成后万能试验机继续对试件加载。

(10)待控制软件上力稳定为 55 kN 时,表明试件上加载的力达到 55 kN,开始记录应变仪的数据,将应变仪上八个纵向应变与四个横向应变的数据记录于表 1-9-2 中。

(11)卸载,具体操作方法为:单击万能试验机控制软件界面上的"停止"按钮,再将万能材料试验机上压盘向上移动,直到上压盘离开试件表面。

(12)重复步骤(5)~(11),重复加载五次,记录五组数据。需要注意的是重复加载时不能移动试件,目的是保证五组实验均在试件的同一作用点加载。

(13)关闭仪器,将所用的实验仪器放回原位。

直径:$D =$ _____ mm 纵向压力:$F =$ _____ kN

表 1-9-2 实验数据记录/$\mu\varepsilon$

组别	1	2	3	4	5	6	7	8	A	B	C	D
第一组												
第二组												

续上表

组别	1	2	3	4	5	6	7	8	A	B	C	D
第三组												
第四组												
第五组												
平均值												
标准差												

五、仿真实验

(1) 运行实验应力分析仿真实验软件,单击"偏心压缩"按钮,进入"偏心压缩"仿真实验界面,如图 1-9-2 所示。

(2) 软件界面上的作用点模式指的是纵向压力 F 的作用点如何确定,有随机模式与指定模式两种,指定模式状态下,压力 F 的作用点位置由软件界面上"作用点 x"与"作用点 y"文本框内的数据指定,该状态可以观察圆柱表面应变与压力作用点的关系。随机模式状态下,压力 F 的作用点由软件随机生成,该模式用于仿真实验过程。

(3) 在"压力:kN"右边的文本框输入压力,单位为 kN,表示试验机对试件加载的压力;在"直径:mm"右边的文本框输入试件直径,单位为 mm;在"作用点 x:mm"和"作用点 y:mm"右边文本框输入纵向压力的作用点坐标,单位为 mm,如图 1-9-2 所示。

(4) 单击"测量"按钮,软件输出了 12 个应变值,分别为八个纵向应变与四个横向应变,如图 1-9-3 所示。将应变数据记录于表 1-9-2 中。

(5) 重复步骤(4),记录 5 组数据。

(6) 记录完所有数据后,单击软件界面的"返回"按钮,返回仿真软件主界面,单击"结束"按钮,退出仿真软件。

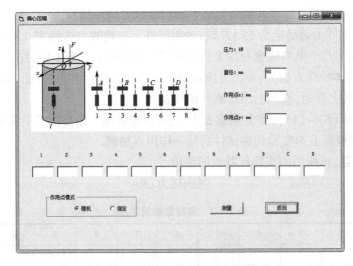

图 1-9-2　偏心压缩实验仿真软件界面

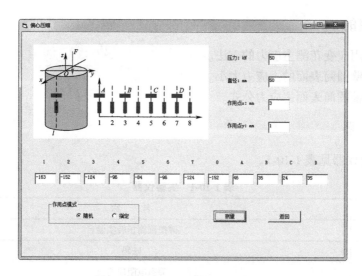

图 1-9-3 偏心压缩仿真实验结果

六、实验数据分析

(1) 根据表 1-9-2 记录的八个纵向应变,以横轴为应变片编号,纵轴为应变值,将八个纵向应变的值绘于图 1-9-4 中,观察圆柱侧表面的纵向应变分布规律。

(2) 根据表 1-9-2 的数据计算出试件纵向应变所满足的方程式、弹性模量、泊松比、纵向压力作用点与横截面上的弯矩。

$\varepsilon = ($ $)+($ $)x+($ $)y$

$E =$ _____ $\mu =$ _____

压力作用点坐标:( )

横截面上的弯矩:

$M_x =$ _____ $M_y =$ _____

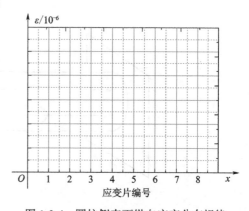

图 1-9-4 圆柱侧表面纵向应变分布规律

七、思考题

(1) 完成本实验,最少需要几个应变片?

(2) 偏心压缩状态下,侧表面的纵向应变可能出现拉应变吗?什么情况能出现拉应变?

实验十 平面应力状态测量——主方向已知

杆件在受力后其应力状态可能是单向应力状态,也可能是二向应力状态或三向应力状态。比如,轴向拉伸和压缩以及纯弯曲,构件处于单向应力状态;圆柱或者圆筒扭转时,构件处于二向应力状态;滚珠轴承中,滚珠与外圈的接触面上则处于三向应力状态。本实验采用薄壁圆筒,扭转时处于二向应力状态,且主方向已知,利用电测法测量其主应力。

一、实验目的

(1)掌握利用应变花测主应力的方法。
(2)测定薄壁圆筒表面的主应力大小。
(3)验证薄壁圆筒表面主应力公式。

二、实验仪器

实验用到的仪器见表 1-10-1。

表 1-10-1 实验仪器

序 号	名 称
1	薄壁圆筒扭转实验台
2	砝码
3	静态电阻应变仪
4	万用表

三、实验原理

如图 1-10-1 所示的薄壁圆筒,在载荷 F 的作用下,其扭矩为

$$T = FL \tag{1-10-1}$$

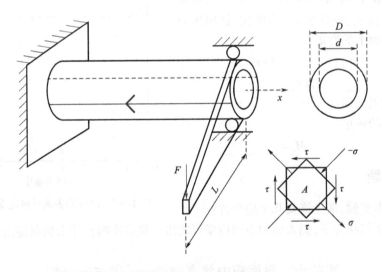

图 1-10-1 薄壁圆筒扭转实验台

薄壁圆筒外径为 D,内径为 d,因此圆筒的极惯性矩为

$$I_p = \int_A \rho^2 \mathrm{d}A = \frac{\pi}{32}(D^4 - d^4) \tag{1-10-2}$$

因此,圆筒任一点的切应力为

$$\tau = \frac{T}{I_p}\rho = \frac{32FL}{\pi(D^4 - d^4)}\rho \tag{1-10-3}$$

式(1-10-3)中令 $\rho = D/2$ 则可得到圆筒外表面的切应力为

$$\tau = \frac{T}{I_p} \times \frac{D}{2} = \frac{16FLD}{\pi(D^4 - d^4)} \tag{1-10-4}$$

薄壁圆筒在此受力状态下,仅有切应力,根据材料力学理论,有

$$\begin{cases} \sigma_{\max} = \tau \\ \sigma_{\min} = -\tau \\ \alpha_0 = \pm 45° \end{cases} \tag{1-10-5}$$

式(1-10-5)为薄壁圆筒扭转时的主应力理论解,其主方向与轴线成±45°方向,属于主方向已知的情形。

对于主方向已知的情形,只需要沿两个主应力方向各贴一枚应变片即可测量出该点的应力状态。因此,在薄壁圆筒外表面沿轴线的±45°方向各粘贴一枚应变片,读取±45°方向的应变,测量出应变之后,利用广义胡克定律式(1-10-6)即可得到主应力。

$$\begin{cases} \sigma_{\max} = \dfrac{E}{1-\mu^2}(\varepsilon_{\max} + \mu\varepsilon_{\min}) \\ \sigma_{\min} = \dfrac{E}{1-\mu^2}(\varepsilon_{\min} + \mu\varepsilon_{\max}) \end{cases} \tag{1-10-6}$$

四、实验步骤与实验数据记录

(1)检查薄壁圆筒与温度补偿片上的应变片,用万用表查验应变片的初始电阻,在 120 Ω 左右表示应变片完好,可以正常进行实验。

(2)安装好薄壁圆筒扭转实验台,记录实验台参数于表 1-10-2 中。

(3)将 45°与 −45°方向应变片连接到应变仪上,按照 1/4 桥接线方法连接,在公共补偿端连接温度补偿片,连接好应变仪后打开应变仪,将应变仪调零。

(4)对薄壁圆筒加载 50 N 的力。

(5)依次记录两个方向的应变于表 1-10-3 中。

(6)卸载。

(7)重复加载五次,记录五组数据。

(8)关闭仪器,将所用的实验仪器放回原位。

表 1-10-2 扭转实验台参数

L/mm	D/mm	d/mm	E/GPa	μ
2 500	40	34	70	0.33

表 1-10-3　平面应力状态实验数据记录/$\mu\varepsilon$

组　别	$\varepsilon_{-45°}$	$\varepsilon_{45°}$
第一组		
第二组		
第三组		
第四组		
第五组		
平均值		
标准差		

五、仿真实验

(1) 运行实验应力分析仿真实验软件，单击"平面应力测量——主方向已知"按钮，进入"平面应力状态测量——主方向已知"仿真实验界面，如图 1-10-2 所示。

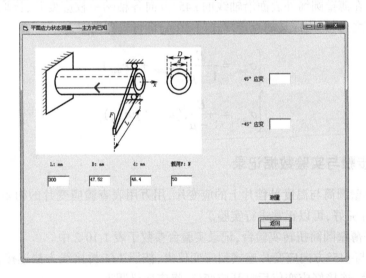

图 1-10-2　平面应力状态测量——主方向已知仿真实验界面

(2) 在"L:mm"下边的文本框输入力臂长度 L，单位为 mm；在"D:mm"下边文本框输入薄壁圆筒外径 D，单位为 mm；在"d:mm"下边的文本框输入薄壁圆筒内径 d，单位为 mm；在"载荷 F:N"下边文本框输入载荷，单位为 N。

(3) 软件界面上单击"测量"，"45°应变"与"-45°应变"右边的文本框则显示实验对应的应变，输出的应变为微应变，即数据乘 10^{-6} 为实际应变，如图 1-10-3 所示。

(4) 重复步骤(3)，记录五组实验数据。

(5) 记录完所有数据后，单击软件界面的"返回"按钮，返回仿真软件主界面，单击"结束"按钮，退出仿真软件。

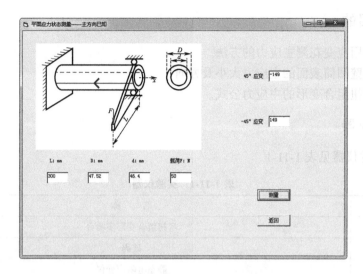

图 1-10-3 平面应力状态测量——主方向未知仿真实验结果

六、实验数据分析

(1)根据表 1-10-3 记录的实验数据以及式(1-10-6),计算出主应力大小,记录于表 1-10-4 中。
(2)根据式(1-10-5)计算的主应力大小,记录于表 1-10-4 中。
(3)计算误差。

表 1-10-4 平面应力状态实验结果

数据	σ_{max}/MPa	σ_{min}/MPa
实验值		
理论值		
绝对误差		
相对误差/%		

七、思考题

(1)45°方向应变片与-45°方向应变片如果不粘贴于同一个圆周线上,能否完成本实验?说明理由。

(2)45°方向应变片与-45°方向应变片如果不粘贴于同一个纵向线上,能否完成本实验?说明理由。

实验十一 平面应力状态测量——主方向未知

本实验采用薄壁圆筒,弯扭组合变形状态处于二向应力状态,且主应力方向未知,利用电测法测量其主应力与主方向。

一、实验目的

(1) 掌握利用应变花测主应力的方法。
(2) 测定薄壁圆筒表面的主应力大小及方向。
(3) 验证弯扭组合变形的主应力公式。

二、实验仪器

实验用到的仪器见表 1-11-1。

表 1-11-1 实验仪器

序 号	名 称
1	弯扭组合变形实验台
2	砝码
3	静态电阻应变仪
4	万用表

三、实验原理

如图 1-11-1 所示,在载荷 F 作用下,薄壁圆筒既受到弯矩的作用也受到扭矩的作用,处于弯扭组合变形状态。应变花粘贴于圆筒上表面 A 点,根据图中尺寸可知, A 点处弯矩和扭矩分别为

$$M = FL_2 \tag{1-11-1}$$

$$T = FL_1 \tag{1-11-2}$$

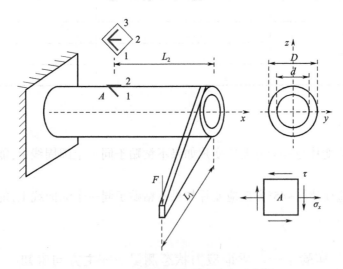

图 1-11-1 弯扭组合变形实验台示意图

薄壁圆筒外径 D,内径 d,圆筒的极惯性矩为

$$I_p = \int_A \rho^2 dA = \frac{\pi}{32}(D^4 - d^4) \tag{1-11-3}$$

因此,圆筒外表面 A 点的切应力为

$$\tau = \frac{T}{I_p} \times \frac{D}{2} = \frac{16FL_1 D}{\pi(D^4 - d^4)} \tag{1-11-4}$$

薄壁圆筒外径 D,内径 d,圆筒对 y 轴的惯性矩为

$$I_y = \int_A z^2 dA = \frac{\pi}{64}(D^4 - d^4) \tag{1-11-5}$$

因此,圆筒外表面 A 点的正应力 σ_x 为

$$\sigma_x = \frac{M}{I_y} z = \frac{FL_2}{\frac{\pi}{64}(D^4 - d^4)} \frac{D}{2} = \frac{32FL_2 D}{\pi(D^4 - d^4)} \tag{1-11-6}$$

根据材料力学计算主应力与主方向的公式

$$\begin{cases} \sigma_{\max} = \frac{\sigma_x + \sigma_y}{2} + \sqrt{\left(\frac{\sigma_x - \sigma_y}{2}\right)^2 + \tau^2} \\ \sigma_{\min} = \frac{\sigma_x + \sigma_y}{2} - \sqrt{\left(\frac{\sigma_x - \sigma_y}{2}\right)^2 + \tau^2} \\ \tan 2\alpha_0 = -\frac{2\tau}{\sigma_x - \sigma_y} \end{cases} \tag{1-11-7}$$

可以得到对应的主应力与主方向。图 1-11-1 所示的薄壁圆筒在弯扭组合变形状态下,圆筒外表面 A 点的正应力 $\sigma_y = 0$,因此在计算主应力与主方向时,式(1-11-7)中令 $\sigma_y = 0$ 即可。由式(1-11-4)、式(1-11-6)和式(1-11-7)可得 A 点主应力与主方向为

$$\begin{cases} \sigma_{\max} = \frac{16FD}{\pi(D^4 - d^4)} + [L_2 + \sqrt{L_2^2 + L_1^2}] \\ \sigma_{\min} = \frac{16FD}{\pi(D^4 - d^4)} + [L_2 - \sqrt{L_2^2 + L_1^2}] \\ \tan 2\alpha_0 = -\frac{L_1}{L_2} \end{cases} \tag{1-11-8}$$

式(1-11-8)为薄壁圆筒 A 点主应力与主方向的理论值。

实验测定主应力与主方向的方法:根据材料力学,若某点沿 x 方向的线应变为 ε_x,沿 y 方向的线应变为 ε_y,切应变为 γ,则该点沿任意方向 φ 的线应变 ε_φ 为

$$\varepsilon_\varphi = \frac{\varepsilon_x + \varepsilon_y}{2} + \frac{\varepsilon_x - \varepsilon_y}{2}\cos 2\varphi - \frac{\gamma}{2}\sin 2\varphi \tag{1-11-9}$$

由式(1-11-9)可知,ε_x、ε_y 与 γ 是三个重要的应变,实验测试时应首先测量这三个应变,因此在该点粘贴45°应变花,即沿-45°,0°,45°三个方向各贴一个应变片,可以得到三个方向的应变,将三个应变数据分别代入式(1-11-9)可得到关于 ε_x、ε_y 与 γ 的三元一次方程组

$$\begin{cases} \varepsilon_{-45°} = \dfrac{\varepsilon_x + \varepsilon_y}{2} + \dfrac{\varepsilon_x - \varepsilon_y}{2}\cos(-90°) - \dfrac{\gamma}{2}\sin(-90°) \\ \varepsilon_{0°} = \dfrac{\varepsilon_x + \varepsilon_y}{2} + \dfrac{\varepsilon_x - \varepsilon_y}{2}\cos(0°) - \dfrac{\gamma}{2}\sin(0°) \\ \varepsilon_{45°} = \dfrac{\varepsilon_x + \varepsilon_y}{2} + \dfrac{\varepsilon_x - \varepsilon_y}{2}\cos(90°) - \dfrac{\gamma}{2}\sin(90°) \end{cases} \quad (1\text{-}11\text{-}10)$$

由方程组(1-11-10)可以解出

$$\begin{cases} \varepsilon_x = \varepsilon_{0°} \\ \varepsilon_y = \varepsilon_{45°} + \varepsilon_{-45°} - \varepsilon_{0°} \\ \gamma = \varepsilon_{-45°} - \varepsilon_{45°} \end{cases} \quad (1\text{-}11\text{-}11)$$

式(1-11-11)为采用实验手段测量出的 ε_x、ε_y 与 γ。

由于 ε_x、ε_y 与 γ 均已通过实验手段获得，因此可以对式(1-11-9)进行进一步的应用，式(1-11-9)表示的应变 ε_φ 是关于方向 φ 的函数，其最大值和最小值便是其主应变，最大值和最小值对应的方向便是主方向，根据式(1-11-9)可以得到主应变和主方向分别为

$$\begin{cases} \varepsilon_{\max} = \dfrac{\varepsilon_x + \varepsilon_y}{2} + \sqrt{\left(\dfrac{\varepsilon_x - \varepsilon_y}{2}\right)^2 + \left(\dfrac{\gamma}{2}\right)^2} \\ \varepsilon_{\min} = \dfrac{\varepsilon_x + \varepsilon_y}{2} + \sqrt{\left(\dfrac{\varepsilon_x - \varepsilon_y}{2}\right)^2 + \left(\dfrac{\gamma}{2}\right)^2} \\ \tan 2\alpha_0 = -\dfrac{\gamma}{\varepsilon_x - \varepsilon_y} \end{cases} \quad (1\text{-}11\text{-}12)$$

将式(1-11-11)代入式(1-11-12)可得到对应主应变的和主方向为

$$\begin{cases} \varepsilon_{\max} = \dfrac{\varepsilon_{45°} + \varepsilon_{-45°}}{2} + \dfrac{\sqrt{2}}{2}\sqrt{(\varepsilon_{0°} - \varepsilon_{45°})^2 + (\varepsilon_{0°} - \varepsilon_{-45°})^2} \\ \varepsilon_{\min} = \dfrac{\varepsilon_{45°} + \varepsilon_{-45°}}{2} - \dfrac{\sqrt{2}}{2}\sqrt{(\varepsilon_{0°} - \varepsilon_{45°})^2 + (\varepsilon_{0°} - \varepsilon_{-45°})^2} \\ \tan 2\alpha_0 = -\dfrac{\varepsilon_{-45°} - \varepsilon_{45°}}{2\varepsilon_{0°} - \varepsilon_{45°} - \varepsilon_{-45°}} \end{cases} \quad (1\text{-}11\text{-}13)$$

广义胡克定律为

$$\begin{cases} \sigma_{\max} = \dfrac{E}{1-\mu^2} + (\varepsilon_{\max} + \mu\varepsilon_{\min}) \\ \sigma_{\min} = \dfrac{E}{1-\mu^2} + (\varepsilon_{\min} + \mu\varepsilon_{\max}) \end{cases} \quad (1\text{-}11\text{-}14)$$

联合式(1-11-13)与(1-11-14)可得到对应主应力的和主方向为

$$\begin{cases} \sigma_{\max} = \dfrac{E}{1-\mu^2} + \left[\dfrac{1+\mu}{2}(\varepsilon_{45°} + \varepsilon_{-45°}) + \dfrac{1-\mu}{\sqrt{2}}\sqrt{(\varepsilon_{0°} - \varepsilon_{-45°})^2 + (\varepsilon_{0°} - \varepsilon_{-45°})^2}\right] \\ \sigma_{\min} = \dfrac{E}{1-\mu^2} + \left[\dfrac{1+\mu}{2}(\varepsilon_{45°} + \varepsilon_{-45°}) - \dfrac{1-\mu}{\sqrt{2}}\sqrt{(\varepsilon_{0°} - \varepsilon_{-45°})^2 + (\varepsilon_{0°} - \varepsilon_{-45°})^2}\right] \\ \tan 2\alpha_0 = -\dfrac{\varepsilon_{-45°} - \varepsilon_{45°}}{2\varepsilon_{0°} - \varepsilon_{45°} - \varepsilon_{-45°}} \end{cases}$$

(1-11-15)

式(1-11-15)便是实验测量的主应力和主方向。

四、实验步骤与实验数据记录

(1) 检查薄壁圆筒表面与温度补偿片上的应变片,用万用表查验应变片的初始电阻,在 120 Ω 左右表示应变片完好,可以正常进行实验。

(2) 将−45°、0°和45°方向应变片连接到应变仪上,按照1/4桥接线方法连接,在公共补偿端连接温度补偿片,连接好应变仪后打开应变仪。

(3) 安装好弯扭组合实验台。将实验台参数记录于表 1-11-2 中。

(4) 将应变仪调零。

(5) 对薄壁圆筒加载 80 N 的力。

(6) 依次记录三个方向的应变于表 1-11-3 中。

(7) 卸载。

(8) 重复加载五次,记录五组数据。

(9) 关闭仪器,将所用的实验仪器放回原位。

表 1-11-2 弯扭组合实验台参数

L_1/mm	L_2/mm	D/mm	d/mm	E/GPa	μ
230	230	40.2	38.4	210	0.28

表 1-11-3 平面应力状态实验数据记录/$\mu\varepsilon$

组 别	$\varepsilon_{-45°}$	$\varepsilon_{0°}$	$\varepsilon_{45°}$
第一组			
第二组			
第三组			
第四组			
第五组			
平均值			
标准差			

五、仿真实验

(1) 运行实验应力分析仿真实验软件,单击"平面应力测量——主方向未知"按钮,进入

"平面应力状态测量——主方向未知"仿真实验界面,如图 1-11-2 所示。

(2)在"L1:mm"下边的文本框输入力臂长度 L_1,单位为 mm;在"L2:mm"下边的文本框输入力臂长度 L_2,单位为 mm;在"D:mm"下边文本框输入薄壁圆筒外径 D,单位为 mm;在"d:mm"下边的文本框输入薄壁圆筒内径 d,单位为 mm;在"E:GPa"下边文本框输入薄壁圆筒材料的弹性模量,单位为 GPa;在"泊松比"下边的文本框输入薄壁圆筒材料的泊松比;在"载荷F:N"下边的文本框输入载荷,单位为 N。

(3)软件界面上单击"测量","45°应变""0°应变""-45°应变"右边的文本框则显示实验对应的应变,输出的应变为微应变,即数据乘 10^{-6} 为实际应变,如图 1-11-3 所示。

(4)重复步骤(3),记录五组实验数据。

(5)记录完所有数据后,单击软件界面的"返回"按钮,返回仿真软件主界面,单击"结束"按钮,退出仿真软件。

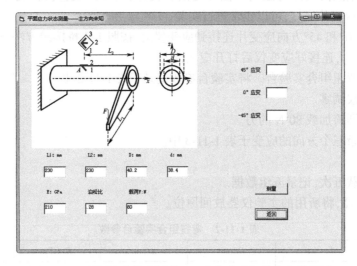

图 1-11-2　平面应力状态测量——主方向未知仿真实验界面

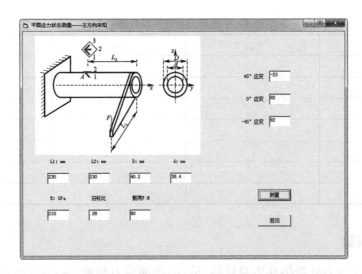

图 1-11-3　平面应力状态测量——主方向未知仿真实验结果

六、实验数据分析

（1）根据表 1-11-3 的实验数据以及式（1-11-15）计算圆筒表面 A 点的主应力与主方向，记录于表 1-11-4 中。

（2）根据式（1-11-8）计算圆筒表面 A 点的主应力与主方向，记录于表 1-11-4 中。

（3）计算误差。

表 1-11-4 平面应力状态实验结果

数据	σ_{max}/MPa	σ_{min}/MPa	α_0/(°)
实验值			
理论值			
绝对误差			
相对误差/%			

七、思考题

本实验采用了 $-45°$、$0°$ 和 $45°$ 三个方向的应变片完成实验，可否利用其他角度的应变片完成本实验？如果可以，写出对应的计算公式及推导过程。

实验十二 弯扭组合变形内力分离

构件在组合变形状态下，如何分离出单独受力状态下的应力、应变是力学实验的一项重要工作。在实验十一中，测量了薄壁圆筒在弯扭组合变形状态下的主应力大小和方向，本实验再次利用弯扭组合变形试验台，介绍弯扭组合变形状态下的内力分离方法，通过设计电桥方案分离出薄壁圆筒受到的弯矩和扭矩。

一、实验目的

（1）掌握弯扭组合变形状态下内力的分离方法。

（2）通过实验分离出薄壁圆筒的弯矩 M。

（3）通过实验分离出薄壁圆筒的扭矩 T。

二、实验仪器

实验用到的仪器见表 1-12-1。

表 1-12-1 实验仪器

序号	名称
1	弯扭组合变形实验台
2	静态电阻应变仪
3	砝码
4	万用表

三、实验原理

如图 1-12-1 所示,薄壁圆筒在载荷 F 的作用下,处于弯扭组合变形,圆筒任一点的应力均可理解为弯矩与扭矩应力的叠加,因此其应变也可理解为弯矩与扭矩应变的叠加,按照叠加的思想,也可以通过实验手段,分离出弯矩引起的应变和扭矩引起的应变。

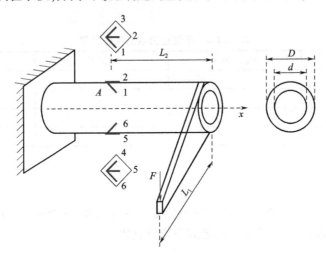

图 1-12-1 弯扭组合变形实验台

1. 分离弯矩

如图 1-12-1 所示,薄壁圆筒在载荷 F 的作用下处于弯扭组合变形状态,根据材料力学理论可知,0°方向(轴线方向)扭矩引起的应变为零,因此 0°方向的应变片只有弯矩引起的应变;由弯矩引起的应变离中性层越远,应变越大,因此选择薄壁圆筒上、下表面沿 0°方向的两枚应变片完成弯矩的分离。应变片 R_2 与 R_5 仅仅受到弯矩引起的应变,即

$$\begin{cases} \varepsilon_2 = \varepsilon_M \\ \varepsilon_5 = -\varepsilon_M \end{cases} \quad (1\text{-}12\text{-}1)$$

将 R_2 与 R_5 按照半桥方式接入应变仪(电桥见图 1-12-2),可得

$$\varepsilon_{d1} = \varepsilon_2 - \varepsilon_5 = 2\varepsilon_M \quad (1\text{-}12\text{-}2)$$

因此,可以分离出弯矩 M 引起的应变。

薄壁圆筒外径 D,内径 d,圆筒对 y 轴的惯性矩为

$$I_y = \int_A z^2 \mathrm{d}A = \frac{\pi}{64}(D^4 - d^4) \quad (1\text{-}12\text{-}3)$$

因此,圆筒外表面 A 点的正应力 σ_x 为

$$\sigma_x = \frac{M}{I_y}z = \frac{FL_2}{\frac{\pi}{64}(D^4 - d^4)}\frac{D}{2} = \frac{32MD}{\pi(D^4 - d^4)} \quad (1\text{-}12\text{-}4)$$

弯矩状态下,属于单向应力状态,应用单向应力状态的胡

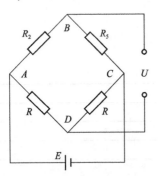

图 1-12-2 分离弯矩电桥接线图

克定律可得

$$\sigma_x = E\varepsilon_M \qquad (1\text{-}12\text{-}5)$$

联合式(1-12-2)、式(1-12-4)和式(1-12-5)可得

$$M = \sigma_x \frac{\pi(D^4 - d^4)}{32D} = E\varepsilon_M \frac{\pi(D^4 - d^4)}{32D}$$

$$= E\frac{\varepsilon_{d1}}{2}\frac{\pi(D^4 - d^4)}{32D} \qquad (1\text{-}12\text{-}6)$$

式(1-12-6)为分离出的弯矩 M。

2. 分离扭矩

如图 1-12-1 所示,薄壁圆筒在载荷 F 的作用下处于弯扭组合变形状态,根据材料力学理论可知,±45°方向的应变是弯矩和扭矩共同作用的结果,因此选择薄壁圆筒 A 点±45°方向的两枚应变片完成扭矩的分离。其中应变片 R_1 与 R_3 受到弯矩和扭矩共同引起的应变,即

$$\begin{cases} \varepsilon_1 = \varepsilon_T + \varepsilon_{-45°}^M \\ \varepsilon_3 = -\varepsilon_T + \varepsilon_{45°}^M \end{cases} \qquad (1\text{-}12\text{-}7)$$

由材料力学理论可知,弯矩在45°与−45°方向引起的应变相等,即

$$\varepsilon_{45°}^M = \varepsilon_{-45°}^M \qquad (1\text{-}12\text{-}8)$$

因此,将 R_1 与 R_3 按照半桥方式接入应变仪(电桥见图 1-12-3),可得

$$\varepsilon_{d2} = \varepsilon_1 - \varepsilon_3 = 2\varepsilon_T \qquad (1\text{-}12\text{-}9)$$

因此,可以分离出扭矩 T 引起的应变。

扭矩作用下处于平面应力状态,应用广义胡克定律有

$$\begin{cases} \sigma_{\max} = \dfrac{E}{1-\mu^2}(\varepsilon_{\max} + \mu\varepsilon_{\min}) \\ \sigma_{\min} = \dfrac{E}{1-\mu^2}(\varepsilon_{\min} + \mu\varepsilon_{\max}) \end{cases} \qquad (1\text{-}12\text{-}10)$$

根据薄壁圆筒扭转的应力状态可知式(1-12-10)中

$$\begin{cases} \sigma_{\max} = -\sigma_{\min} = \tau \\ \varepsilon_{\max} = -\varepsilon_{\min} = \varepsilon_T \end{cases} \qquad (1\text{-}12\text{-}11)$$

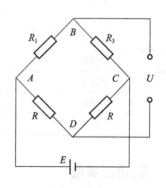

图 1-12-3 分离扭矩电桥接线图

联合式(1-12-9)和式(1-12-11)可得

$$\tau = \frac{E}{1-\mu^2}(1-\mu)\varepsilon_T = \frac{E}{1+\mu}\varepsilon_T \qquad (1\text{-}12\text{-}12)$$

薄壁圆筒外径为 D,内径为 d,圆筒的极惯性矩为

$$I_p = \int_A \rho^2 \mathrm{d}A = \frac{\pi}{32}(D^4 - d^4) \qquad (1\text{-}12\text{-}13)$$

扭转的切应力公式为

$$\tau = \frac{T}{I_p} \times \frac{D}{2} \qquad (1\text{-}12\text{-}14)$$

联合式(1-12-12)~式(1-12-14)可得

$$T = \frac{2\tau I_p}{D} = \tau \frac{\pi(D^4 - d^4)}{16D} = \varepsilon_T \frac{E}{1+\mu} \times \frac{\pi(D^4 - d^4)}{16D} \quad (1\text{-}12\text{-}15)$$

式(1-12-15)为分离出的扭矩 T。

四、实验步骤与实验数据记录

(1) 按图 1-12-1 安装弯扭组合变形实验台,记录实验台参数于表 1-12-2 中。

(2) 检查弯扭组合变形实验台的应变片与温度补偿片,用万用表查验应变片的初始电阻,在 120 Ω 左右表示应变片完好,可以正常进行实验。

(3) 将 R_2 与 R_5 按照半桥方式接入应变仪(电桥见图 1-12-2),并将应变仪调零。在 F 点加载 5 kg 砝码,记录应变仪读数。测量五组数据,记录于表 1-12-3 中。

(4) 将 R_1 与 R_3 按照半桥方式接入应变仪(电桥见图 1-12-3),并将应变仪调零。在 F 点加载 5 kg 砝码,记录应变仪读数。测量五组数据,记录于表 1-12-3 中。

(5) 关闭仪器,将所用的实验仪器放回原位。

表 1-12-2　弯扭组合实验台参数

L_1/mm	L_2/mm	D/mm	d/mm	E/GPa	μ
230	230	40.2	38.4	210	0.28

表 1-12-3　应变实验数据/$\mu\varepsilon$

组　别	ε_{d1}	ε_{d2}
第一组		
第二组		
第三组		
第四组		
第五组		
平均值		
标准差		

五、仿真实验

(1) 运行实验应力分析仿真实验软件,单击"弯扭组合变形内力分离"按钮,进入"弯扭组合变形内力分离"仿真实验界面,如图 1-12-4 所示。

(2) 在"L1:mm"下边的文本框输入力臂长度 L_1,单位为 mm;在"L2:mm"下边的文本框输入力臂长度 L_2,单位为 mm;在"D:mm"下边文本框输入薄壁圆筒外径 D,单位为 mm;在"d:mm"下边的文本框输入薄壁圆筒内径 d,单位为 mm;在"E:GPa"下边文本框输入薄壁圆筒材料的弹性模量,单位为 GPa;在"泊松比"下边文本框输入薄壁圆筒材料的泊松比;在"载荷 F:N"下边文本框输入载荷,单位为 N,如图 1-12-5 所示。

(3) 软件界面上"应变-弯矩"按钮的上方有电桥接线图,表示按该电桥接线可以分离出弯矩对应的应变,"应变-弯矩"按钮右边的文本框则显示实验对应的应变,输出的应变为微应变,即数据乘 10^{-6} 为实际应变。

(4)软件界面上"应变-扭矩"按钮的上方有电桥接线图,表示按该电桥接线可以分离出扭矩对应的应变,"应变-扭矩"按钮右边的文本框则显示了实验对应的应变,输出的应变为微应变,即数据乘 10^{-6} 为实际应变。

(5)重复步骤(3)、(4),记录五组实验数据。

(6)记录完所有数据后,单击软件界面的"返回"按钮,返回仿真软件主界面,单击"结束"按钮,退出仿真软件。

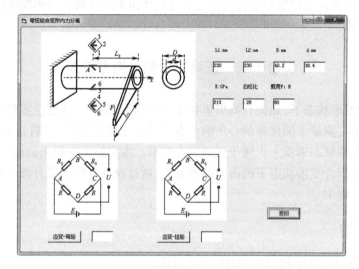

图 1-12-4　弯扭组合变形内力分离仿真实验界面

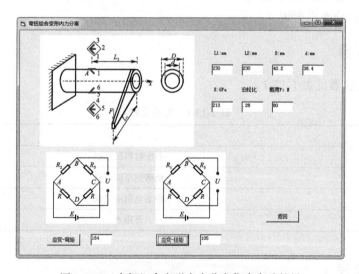

图 1-12-5　弯扭组合变形内力分离仿真实验结果

六、实验数据分析

根据表 1-12-2 和表 1-12-3 的实验数据得到如下数据:

$\varepsilon_M =$
$\varepsilon_T =$
$M =$
$T =$

七、思考题

能否在薄壁圆筒其他位置粘贴应变花完成弯矩和扭矩的分离？如果能请给出粘贴应变花的位置和测量电桥。

实验十三　压弯组合变形内力分离

构件在组合变形状态下，如何分离出单独受力状态下的应力、应变是实验力学的一项重要工作。在实验九中，测量了圆柱在偏心压缩状态下的应变分布规律、材料常数、横截面上的弯矩，圆柱在偏心压缩状态本质上也属于压弯组合变形。本实验再次利用圆柱形试件，在偏心压缩状态，介绍压弯组合变形状态下的内力分离方法，通过设计电桥方案分离出圆柱受到的轴向压力、弯矩 M_x，弯矩 M_y。

一、实验目的

（1）掌握压弯组合变形状态下内力的分离方法。
（2）通过实验分离出轴向压力。
（3）通过实验分离出弯矩。

二、实验仪器

实验用到的仪器见表 1-13-1。

表 1-13-1　实验仪器

序　号	名　称
1	万能材料试验机
2	低碳钢压缩试件
3	静态电阻应变仪
4	万用表

三、实验原理

如图 1-13-1 所示，构件在偏心压缩状态下，圆柱侧表面任一点的纵向应变为

$$\varepsilon = \frac{\sigma}{E} = -\frac{F}{EA} - \frac{Fy_0 y}{EI_x} - \frac{Fx_0 x}{EI_y} \qquad (1\text{-}13\text{-}1)$$

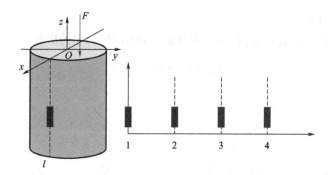

图 1-13-1 压弯组合试件及应变片粘贴示意图

偏心压缩状态也属于压弯组合变形,式(1-13-1)中的纵向应变也可认为是轴向压力 F、弯矩 M_x、弯矩 M_y 引起的应变叠加,因此可以将式(1-13-1)写为

$$\varepsilon = \varepsilon_F + \varepsilon_\varphi^{M_x} + \varepsilon_\varphi^{M_y} \tag{1-13-2}$$

式中,φ 为角度,角度以 x 正半轴为起点,逆时针为正。

根据式(1-13-2),图 1-13-1 中的四个纵向应变片的应变可写为轴向压力 F、弯矩 M_x、弯矩 M_y 的组合形式,即

$$\begin{cases} \varepsilon_1 = \varepsilon_F + \varepsilon_{0°}^{M_x} + \varepsilon_{0°}^{M_y} \\ \varepsilon_2 = \varepsilon_F + \varepsilon_{90°}^{M_x} + \varepsilon_{90°}^{M_y} \\ \varepsilon_3 = \varepsilon_F + \varepsilon_{180°}^{M_x} + \varepsilon_{180°}^{M_y} \\ \varepsilon_4 = \varepsilon_F + \varepsilon_{270°}^{M_x} + \varepsilon_{270°}^{M_y} \end{cases} \tag{1-13-3}$$

又因为 x 轴与 y 轴分别对应弯矩 M_x、弯矩 M_y 的中性轴,因此

$$\begin{cases} \varepsilon_{0°}^{M_x} = \varepsilon_{180°}^{M_x} = 0 \\ \varepsilon_{90°}^{M_x} = -\varepsilon_{270°}^{M_x} \\ \varepsilon_{0°}^{M_y} = -\varepsilon_{180°}^{M_y} \\ \varepsilon_{90°}^{M_y} = \varepsilon_{270°}^{M_y} = 0 \end{cases} \tag{1-13-4}$$

根据式(1-13-3)和式(1-13-4)可以将轴向压力 F、弯矩 M_x、弯矩 M_y 引起的应变分离。

1. 轴向压力的分离

将 R_1 与 R_3 按图 1-13-2 方式电桥连接,可分离出轴向压力引起的应变为

$$\varepsilon_{d1} = \varepsilon_1 + \varepsilon_3 = 2\varepsilon_F \tag{1-13-5}$$

在轴向压力作用下,处于单向应力状态,应用胡可定律可得

$$F = AE\varepsilon_F = AE\frac{\varepsilon_{d1}}{2} \tag{1-13-6}$$

式(1-13-6)为分离出的轴向压力 F。

2. 弯矩 M_y 的分离

R_1 与 R_3 按图 1-13-3 方式电桥连接,可分离出弯矩 M_y 引起的应变

$$\varepsilon_{d2} = \varepsilon_1 - \varepsilon_3 = 2\varepsilon_{0°}^{M_y} \tag{1-13-7}$$

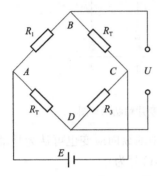
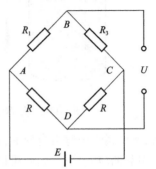

图 1-13-2 分离轴向压力电桥接线图　　图 1-13-3 分离弯矩 M_y 电桥接线图

圆柱直径 D,圆柱对 y 轴的惯性矩为

$$I_y = \int_A x^2 dA = \frac{\pi D^4}{64} \tag{1-13-8}$$

因此,圆柱侧表面 R_1 处的正应力 σ 为

$$\sigma = \frac{M_y}{I_y}x = \frac{32 M_y}{\pi D^3} \tag{1-13-9}$$

弯矩状态下,属于单向应力状态,应用单向应力状态的胡可定律可得

$$\sigma = E\varepsilon_{0°}^{M_y} \tag{1-13-10}$$

联合式(1-13-7)~式(1-13-10)可得

$$M_y = \frac{\pi D^3}{32}\sigma = \frac{\pi D^3}{32}E\varepsilon_{0°}^{M_y} = \frac{\pi D^3}{64}E\varepsilon_{d2} \tag{1-13-11}$$

式(1-13-11)为分离出的弯矩 M_y。

3. 弯矩 M_x 的分离

R_2 与 R_4 按图 1-13-4 方式电桥连接,可分离出弯矩 M_x 引起的应变

$$\varepsilon_{d3} = \varepsilon_2 - \varepsilon_4 = 2\varepsilon_{90°}^{M_x} \tag{1-13-12}$$

圆柱直径为 D,圆柱对 x 轴的惯性矩为

$$I_x = \int_A y^2 dA = \frac{\pi D^4}{64} \tag{1-13-13}$$

因此,圆柱侧表面 R_1 处的正应力 σ 为

$$\sigma = \frac{M_x}{I_x}y = \frac{32 M_x}{\pi D^3} \tag{1-13-14}$$

弯矩状态下,属于单向应力状态的胡可定律可得

$$\sigma = E\varepsilon_{90°}^{M_x} \tag{1-13-15}$$

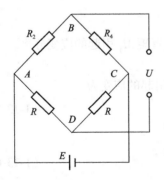

图 1-13-4 分离弯矩 M_x 电桥接线图

联合式(1-13-12)、式(1-13-14)和式(1-13-15)可得

$$M_x = \frac{\pi D^3}{32}\sigma = \frac{\pi D^3}{32}E\varepsilon_{0°}^{M_x} = \frac{\pi D^3}{64}E\varepsilon_{d3} \tag{1-13-16}$$

式(1-13-16)为分离出的弯矩 M_x。

四、实验步骤与实验数据记录

(1)检查低碳钢压缩试件的应变片与温度补偿片,用万用表查验应变片的初始电阻,在 120 Ω 左右表示应变片完好,可以正常进行实验。

(2)将试件放置于万能试验机下压盘上,放置试件时有微小偏心即可,要严格控制偏心量,切不可使偏心量过大,避免出现危险事件,偏心量过大在实验过程中试件有被挤出来的可能。

(3)将 R_1 与 R_3 按照图 1-13-2 接入应变仪。试验机加载 50 kN 的力(预加载 5 kN,应变仪调零,终加载 55 kN),记录应变仪读数。测量五组数据,记录于表 1-13-2 中。

(4)将 R_1 与 R_3 按照图 1-13-3 接入应变仪。试验机加载 50 kN 的力(预加载 5 kN,应变仪调零,终加载 55 kN),记录应变仪读数。测量五组数据,记录于表 1-13-2 中。

(5)将 R_2 与 R_4 按照图 1-13-4 接入应变仪。试验机加载 50 kN 的力(预加载 5 kN,应变仪调零,终加载 55 kN),记录应变仪读数。测量五组数据,记录于表 1-13-2 中。

(6)关闭仪器,将所用的实验仪器放回原位。

直径:$D=$ ___50___ mm   弹性模量:$E=$ ___206___ GPa

表 1-13-2 应变数据记录/$\mu\varepsilon$

组 别	ε_{d1}	ε_{d2}	ε_{d3}
第一组			
第二组			
第三组			
第四组			
第五组			
平均值			
标准差			

五、仿真实验

(1)运行实验应力分析仿真实验软件,单击"压弯组合变形内力分离"按钮,进入"压弯组合变形内力分离"仿真实验界面,如图 1-13-5 所示。

(2)软件界面上的作用点模式指的是纵向压力 F 的作用点如何确定,有随机模式与指定模式两种,指定模式状态下,压力 F 的作用点位置由软件界面上"作用点 x"与"作用点 y"文本框内的数据指定,该状态可以观察圆柱表面应变与压力作用点的关系。随机模式状态下,压力 F 的作用点由软件随机生成,该模式用于仿真实验过程。

(3)在"压力:kN"右边的文本框输入压力,单位为 kN,表示试验机对试件加载的压力;在

"直径:mm"右边的文本框输入试件直径,单位为 mm;在"作用点 x:mm"和"作用点 y:mm"右边文本框输入纵向压力的作用点坐标,单位为 mm,如图 1-13-5 所示。

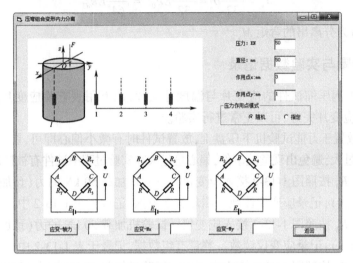

图 1-13-5 压弯组合变形内力分离仿真实验界面

(4)软件界面上"应变-轴力"按钮的上方有电桥接线图,表示按该电桥接线可以分离出轴力对应的应变,"应变-轴力"按钮右边的文本框则显示实验对应的应变,如图 1-13-6 所示,输出的应变为微应变,即数据乘 10^{-6} 为实际应变。

(5)软件界面上"应变-Mx"按钮的上方有电桥接线图,表示按该电桥接线可以分离出弯矩 M_x 对应的应变,"应变-Mx"按钮右边的文本框则显示了实验对应的应变,如图 1-13-6 所示,输出的应变为微应变,即数据乘 10^{-6} 为实际应变。

(6)软件界面上"应变-My"按钮的上方有电桥接线图,表示按该电桥接线可以分离出弯矩 M_y 对应的应变,"应变-My"按钮右边的文本框则显示了实验对应的应变,如图 1-13-6 所示,输出的应变为微应变,即数据乘 10^{-6} 为实际应变。

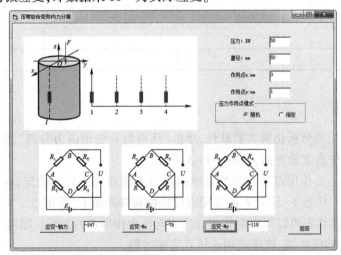

图 1-13-6 压弯组合变形内力分离仿真实验结果

(7) 重复步骤(4)~(6),记录五组实验数据。

(8) 记录完所有数据后,单击软件界面的"返回"按钮,返回仿真软件主界面,单击"结束"按钮,退出仿真软件。

六、实验数据分析

根据表 1-13-2 的实验数据得到如下数据:

$\varepsilon_F =$

$\varepsilon_{90°}^{M_x} =$

$\varepsilon_{0°}^{M_y} =$

$F =$

$M_y =$

$M_x =$

七、思考题

压缩试件随意安装,是否影响测量结果?

实验十四　光弹仪调整与材料条纹值标定

光弹性实验方法是一种光学的应力测量方法。采用具有双折射性能的透明材料制作成与实际构件形状相似的模型,并在其上施加与实际构件载荷相似的外力,置于偏振场中,由于偏振光的干涉形成明暗相间的条纹,这些条纹揭示了模型内部各点的应力情况,因此可用来确定模型中各点的应力,再根据相似理论,换算成实际构件中的应力。

一、实验目的

(1) 掌握光弹仪的使用方法。
(2) 掌握等差线的测量技术。
(3) 掌握对径受压圆盘标定材料条纹值的方法。

二、实验仪器

实验用到的仪器见表 1-14-1。

表 1-14-1　实验仪器

序　号	名　　称
1	光弹仪
2	对径受压圆盘
3	游标卡尺

三、实验原理

1. 等差线与等倾线的定义

图 1-14-1 所示的正交平面偏振场中,光源的光通过起偏镜后得到平面偏振光,表示为

$$u = a\sin\omega t \tag{1-14-1}$$

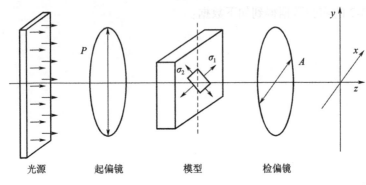

图 1-14-1　正交平面偏振场布置示意图

偏振光进入模型,沿模型的主应力方向分解成两束光,如图 1-14-2 所示。沿 σ_1 方向为

$$u_1 = u\cos\varphi = a\sin\omega t\cos\varphi \tag{1-14-2}$$

沿 σ_2 方向为

$$u_2 = u\sin\varphi = a\sin\omega t\sin\varphi \tag{1-14-3}$$

两束光在模型中传播速度不同,假设两束光的相位差为 δ,沿 σ_1 方向比沿 σ_2 方向快,因此,穿过模型后,σ_1 方向的光相位比 σ_2 方向的光相位超前 δ。

沿 σ_1 方向为

$$u_1' = a\sin(\omega t + \delta)\cos\varphi \tag{1-14-4}$$

沿 σ_2 方向为

$$u_2' = a\sin\omega t\sin\varphi \tag{1-14-5}$$

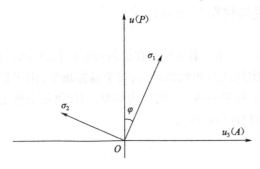

图 1-14-2　正交平面偏振场镜轴与应力主轴相对位置

两束光通过检偏镜后,合成一束平面偏振光,其振动方程为

$$u_3 = u_1'\sin\varphi - u_2'\cos\varphi \tag{1-14-6}$$

$$\Rightarrow u_3 = a\sin(\omega t + \delta)\cos\varphi\sin\varphi - a\sin\omega t\sin\varphi\cos\varphi \tag{1-14-7}$$

$$\Rightarrow u_3 = \frac{a}{2}\sin 2\varphi[\sin(\omega t + \delta) - \sin\omega t]$$

$$= a\sin 2\varphi\sin\frac{\delta}{2}\cos\left(\omega t + \frac{\delta}{2}\right) \tag{1-14-8}$$

式(1-14-8)为正交平面偏振场中检偏镜后观测到的平面偏振光振动方程,该束光的光强度为

$$I = k\left(a\sin 2\varphi\sin\frac{\delta}{2}\right)^2 \tag{1-14-9}$$

相位差 δ 与光程差 Δ 的关系为

$$\frac{\Delta}{\delta} = \frac{\lambda}{2\pi} \quad (1\text{-}14\text{-}10)$$

将式(1-14-10)代入式(1-14-9)可得光强度为

$$I = k\left(a\sin 2\varphi \sin\frac{\Delta}{\lambda}\pi\right)^2 \quad (1\text{-}14\text{-}11)$$

式中,k 为常数。

式(1-14-11)表明,光强度 I 与光程差 Δ 有关,还与主应力方向和起偏镜光轴之间的夹角 φ 有关。模型上各点由于光程差 Δ 和夹角 φ 不同,各点光强度也不同,在检偏镜后观察到的光形成明暗相间的干涉条纹,这些条纹称为等差线和等倾线。

等差线:当 $\sin\frac{\Delta}{\lambda}\pi = 0$,即 $\Delta = n\lambda$($n = 0, 1, 2, \cdots$)时,光强度等于零。也就是说,模型上光程差等于单色光波长整数倍的诸点,在检偏镜之后,光消失而呈现黑点,这些点的轨迹形成干涉条纹,称为等差线。

等倾线:当 $\sin 2\varphi = 0$,即 $\varphi = 0$ 或 $\frac{\pi}{2}$ 时,光强度等于零,并且模型上该点的应力主轴与偏振轴方向重合。也就是说,模型上应力主轴与偏振轴重合的诸点,在检偏镜之后,光均消失而呈现黑点,这些点的轨迹形成干涉条纹,称为等倾线。调整模型与起偏镜和检偏镜的相对角度,即可得到不同角度的等倾线。

2. 等倾线的获取

在正交平面偏振场中,得到的干涉条纹既有等差线又有等倾线,两种条纹是混合在一起的,若只需要等倾线,在实验过程中,只需要施加较小的载荷,根据平面应力-光学定理 $\Delta = ch(\sigma_1 - \sigma_2)$ 可知,光程差与主应力差有关,由于载荷较小,主应力差($\sigma_1 - \sigma_2$)也小,对应的光程差 Δ 也很小,还未出现等差线,仅仅出现了等倾线。

3. 等差线的获取

若只需要等差线,则采用正交平面偏振场实现不了,因此,在正交平面偏振场中增加两块 $\lambda/4$ 波片,将光场布置为正交圆偏振场,如图 1-14-3 所示。

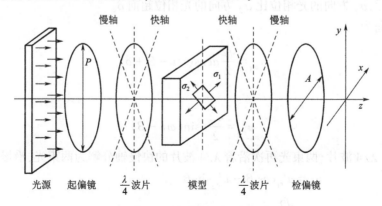

图 1-14-3　正交圆偏振场布置示意图

在图 1-14-3 所示的正交圆偏振场中,光源的光通过起偏镜后得到平面偏振光,表示为

$$u = a\sin\omega t \tag{1-14-12}$$

平面偏振光进入 $\lambda/4$ 波片,沿着 $\lambda/4$ 波片的快慢轴分解为两束光,沿快轴方向为

$$u_1 = u\cos 45° = \frac{\sqrt{2}}{2}a\sin\omega t \tag{1-14-13}$$

沿慢轴方向为

$$u_2 = u\sin 45° = \frac{\sqrt{2}}{2}a\sin\omega t \tag{1-14-14}$$

穿过 $\lambda/4$ 波片后,沿快轴方向的光比沿慢轴方向的光相位超前 $90°$,即

$$u_1' = \frac{\sqrt{2}}{2}a\sin\left(\omega t + \frac{\pi}{2}\right) = \frac{\sqrt{2}}{2}a\cos\omega t \tag{1-14-15}$$

$$u_2' = u\sin 45° = \frac{\sqrt{2}}{2}a\sin\omega t \tag{1-14-16}$$

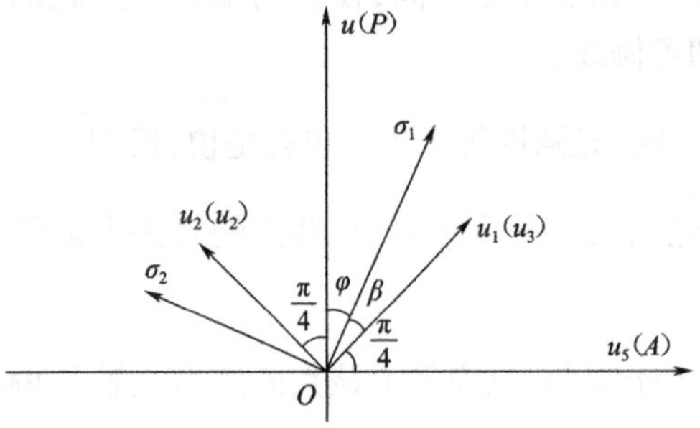

图 1-14-4　镜轴与应力主轴相对位置

两束光合成为一束圆偏振光,偏振光进入模型,沿模型的主应力方向分解成两束光,如图 1-14-4 所示。沿 σ_1 方向为

$$u_{\sigma_1} = u_1'\cos\beta + u_2'\sin\beta = \frac{\sqrt{2}}{2}a\cos\omega t\cos\beta + \frac{\sqrt{2}}{2}a\sin\omega t\sin\beta = \frac{\sqrt{2}}{2}a\cos(\omega t - \beta) \tag{1-14-17}$$

沿 σ_2 方向为

$$u_{\sigma_2} = u_2'\cos\beta - u_1'\sin\beta = \frac{\sqrt{2}}{2}a\sin\omega t\cos\beta - \frac{\sqrt{2}}{2}a\cos\omega t\sin\beta = \frac{\sqrt{2}}{2}a\sin(\omega t - \beta) \tag{1-14-18}$$

两束光在模型中传播速度不同,假设两束光的相位差为 δ,沿 σ_1 方向比沿 σ_2 方向快,因此,穿过模型后,σ_1 方向的光相位比 σ_2 方向的光相位超前 δ。

沿 σ_1 方向为

$$u_{\sigma_1}' = \frac{\sqrt{2}}{2}a\cos(\omega t - \beta + \delta) \tag{1-14-19}$$

沿 σ_2 方向为

$$u_{\sigma_2}' = \frac{\sqrt{2}}{2}a\sin(\omega t - \beta) \tag{1-14-20}$$

再次进入 $\lambda/4$ 波片,两束光再次沿着 $\lambda/4$ 波片的快慢轴分解为两束光,沿慢轴方向为

$$\begin{aligned}u_3 &= u_{\sigma_1}'\cos\beta - u_{\sigma_2}'\sin\beta \\ &= \frac{\sqrt{2}}{2}a[\cos(\omega t - \beta + \delta)\cos\beta - \sin(\omega t - \beta)\sin\beta]\end{aligned} \tag{1-14-21}$$

沿快轴方向为

$$u_4 = u'_{\sigma_1}\sin\beta + u'_{\sigma_2}\cos\beta$$
$$= \frac{\sqrt{2}}{2}a[\cos(\omega t - \beta + \delta)\sin\beta + \sin(\omega t - \beta)\cos\beta] \quad (1\text{-}14\text{-}22)$$

通过 λ/4 波片后，快轴方向比慢轴方向相位超前 90°，即

$$u'_3 = \frac{\sqrt{2}}{2}a[\cos(\omega t - \beta + \delta)\cos\beta - \sin(\omega t - \beta)\sin\beta] \quad (1\text{-}14\text{-}23)$$

$$u'_4 = \frac{\sqrt{2}}{2}a\left[\cos\left(\omega t - \beta + \delta + \frac{\pi}{2}\right)\sin\beta + \sin\left(\omega t - \beta + \frac{\pi}{2}\right)\cos\beta\right]$$

$$= \frac{\sqrt{2}}{2}a[-\sin(\omega t - \beta + \delta)\sin\beta + \cos(\omega t - \beta)\cos\beta] \quad (1\text{-}14\text{-}24)$$

两束光通过检偏镜后，合成一束平面偏振光，

$$u_5 = u'_3\cos\frac{\pi}{4} - u'_4\cos\frac{\pi}{4}$$

$$= \frac{1}{2}a[\cos(\omega t - \beta + \delta)\cos\beta - \sin(\omega t - \beta)\sin\beta] -$$

$$\frac{1}{2}a[-\sin(\omega t - \beta + \delta)\sin\beta + \cos(\omega t - \beta)\cos\beta] \quad (1\text{-}14\text{-}25)$$

$$\Rightarrow u_5 = \frac{a}{2}[\cos(\omega t - \beta + \delta - \beta) - \cos(\omega t - \beta - \beta)] \quad (1\text{-}14\text{-}26)$$

$$\Rightarrow u_5 = \frac{a}{2}[\cos(\omega t - \beta + \delta - \beta) - \cos(\omega t - \beta - \beta)]$$

$$= -a\sin\left(\omega t - 2\beta + \frac{\delta}{2}\right)\sin\left(\frac{\delta}{2}\right) \quad (1\text{-}14\text{-}27)$$

根据图 1-14-4 可知

$$\beta = \frac{\pi}{4} - \varphi \quad (1\text{-}14\text{-}28)$$

因此，由式(1-14-27)可得到

$$u_5 = -a\sin\left(\omega t - 2\beta + \frac{\delta}{2}\right)\sin\frac{\delta}{2}$$

$$= -a\sin\left(\omega t - \frac{\pi}{2} + 2\varphi + \frac{\delta}{2}\right)\sin\frac{\delta}{2}$$

$$= a\cos\left(\omega t + 2\varphi + \frac{\delta}{2}\right)\sin\frac{\delta}{2} \quad (1\text{-}14\text{-}29)$$

式(1-14-29)为正交圆偏振场中检偏镜后观测到的平面偏振光，该束光的光强度为

$$I = k\left(a\sin\frac{\delta}{2}\right)^2 \quad (1\text{-}14\text{-}30)$$

相位差 δ 与光程差 Δ 的关系为

$$\frac{\Delta}{\delta} = \frac{\lambda}{2\pi} \quad (1\text{-}14\text{-}31)$$

将式(1-14-31)代入式(1-14-30)可得

$$I = k\left(a\sin\frac{\delta}{2}\right)^2 = k\left(a\sin\frac{\Delta\pi}{\lambda}\right)^2 \quad (1\text{-}14\text{-}32)$$

由式(1-14-32)可知,正交圆偏振场中,光强度仅仅与光程差有关,即正交圆偏振场中,仅仅出现等差线,不出现等倾线。

4. 光弹性模型材料条纹值的测定

平面应力-光学定理表示为

$$\Delta = ch(\sigma_1 - \sigma_2) \quad (1\text{-}14\text{-}33)$$

将光程差 $\Delta = n\lambda$ 代入上式可得

$$ch(\sigma_1 - \sigma_2) = n\lambda \quad (1\text{-}14\text{-}34)$$

$$\Rightarrow \sigma_1 - \sigma_2 = \frac{n\lambda}{ch} = \frac{nf}{h} \quad (1\text{-}14\text{-}35)$$

式中,$f = \dfrac{\lambda}{c}$,f 是与光源和材料相关的常数,称为材料的条纹值,单位为 N/m。其物理意义是,当模型材料为单位厚度时,对于某一特定波长的光源,产生一级等差线所对应的主应力差值。式(1-14-35)表示受力模型中主应力差与等差线级数、条纹值和模型厚度的关系。

进行光弹性实验时,首先要标定材料的条纹值,标定条纹值要求所使用的试件其应力有解析解,常用的试件有纯拉伸试件、纯弯曲试件、对径受压圆盘。本实验介绍用对径受压圆盘测定材料的条纹值。

如图 1-14-5 所示,对径受压圆盘直径为 D,厚度为 h,将试件安装于正交圆偏振场中,缓慢施加对径受压载荷,观察等差线,当试件中心出现整数级条纹时停止加载(一般出现 3 级或 4 级条纹即可),等差线如图 1-14-6 所示,记录此时对应的条纹级数 n 与载荷 F。

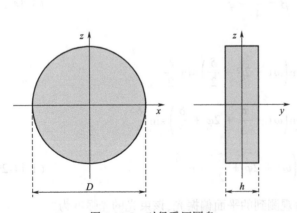

图 1-14-5 对径受压圆盘

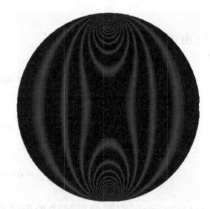

图 1-14-6 对径受压圆盘 3 级等差线图

圆盘对径受压时,其中心点的应力有解析解

$$\begin{cases} \sigma_1 = \dfrac{2F}{\pi Dh} \\ \sigma_2 = -\dfrac{6F}{\pi Dh} \end{cases} \quad (1\text{-}14\text{-}36)$$

将式(1-14-36)代入式(1-14-35)可得

$$\sigma_1 - \sigma_2 = \frac{8F}{\pi Dh} = \frac{nf}{h} \quad (1\text{-}14\text{-}37)$$

解得

$$f = \frac{8F}{n\pi D} \quad (1\text{-}14\text{-}38)$$

式(1-14-38)即为对径受压圆盘测定材料条纹值的公式。

四、实验步骤与实验数据记录

(1) 如图 1-14-5 所示的圆盘,测量其直径和厚度,记录于表 1-14-2 中。

(2) 起偏镜镜轴安装到 0°,即 x 方向;检偏镜镜轴安装到 90°,即 y 方向。安装两块 $\lambda/4$ 波片,将光场布置为正交圆偏振场。

(3) 将圆盘放置于正交圆偏振场中,选择单色光光源,施加对径受压载荷,观察等差线变化情况,当圆盘中心出现 3 级条纹时停止加载。

(4) 记录三级条纹对应的载荷、条纹级数、光源颜色于表 1-14-2 中。

(5) 拍摄等差线照片,打印后粘贴于图 1-14-7 中。

表 1-14-2　实验数据记录

D/mm	h/mm	F/N	n	光源颜色

五、仿真实验

(1) 运行实验应力分析仿真实验软件,单击"光弹仪调整与材料条纹值标定"按钮,进入"光弹仪调整与材料条纹值标定"仿真实验界面,如图 1-14-8 所示。

(2) 在"厚度 h:"右边的文本框中输入试件厚度,单位为 mm;在"直径 D:"右边的文本框中输入试件直径,单位为 mm;在"载荷 F:N"右边的文本框中输入载荷,单位为 N,输入的载荷代表了在圆盘上加载的载荷。

(3) 在"光源"位置,设置了三种光源可供选择,仿真实验时可根据需要选择红光、黄光或蓝光。

(4) 单击"等差线"按钮,软件界面仿真出对应的等差线条纹,如图 1-14-9 所示。

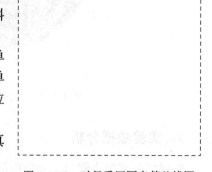

图 1-14-7　对径受压圆盘等差线图

(5) 单击"保存图片"按钮,可以将软件仿真的等差线保存为 jpg 格式的图片。保存位置为仿真软件所在的文件夹,文件名默认为"1.jpg",因此在使用保存图片操作后,需要修改图片的文件名,以方便使用。

(6) 记录完所有数据后,单击软件界面的"返回"按钮,返回仿真软件主界面,单击"结束"按钮,退出仿真软件。

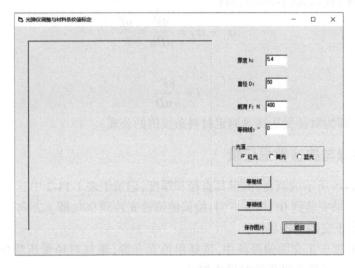

图 1-14-8　光弹仪调整与材料条纹值标定仿真实验界面

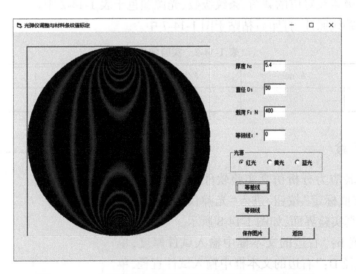

图 1-14-9　光弹仪调整与材料条纹值标定仿真实验结果

六、实验数据分析

根据"四、实验步骤与实验数据记录"中的数据得到材料的条纹值。

$$f = \frac{8F}{n\pi D} =$$

七、思考题

（1）圆盘尺寸与载荷不变，仅仅改变光源颜色，等差线级数是否会改变？
（2）改变光源颜色，材料条纹值是否会改变？

实验十五　对径受压圆盘应力分析

光弹性实验获得模型的等差线与等倾线之后，常用剪应力差法分析构件的内部应力。

一、实验目的

（1）掌握光弹仪的使用方法。
（2）掌握等差线、等倾线的测量技术。
（3）掌握剪应力差法分析构件内部应力。

二、实验仪器

实验用到的仪器见表 1-15-1。

表 1-15-1　实验仪器

序　号	名　称
1	光弹仪
2	对径受压圆盘
3	游标卡尺

三、实验原理

光弹性实验可以得到等倾线和等差线两组数据，等倾线可以得到模型中各点的主应力方向 φ，等差线可以确定模型中各点的主应力差值

$$\sigma_1 - \sigma_2 = \frac{nf}{h} \tag{1-15-1}$$

由弹性力学或材料力学理论可知，平面应力状态有 $\sigma_1, \sigma_2, \varphi$ 三个未知量（或 $\sigma_x, \sigma_y, \tau_{xy}$）。实验只能得到两组数据，而未知量有三个，为了求解出三个未知量，必须再找到一组数据。有三种方法可以找到第三组数据，分别是主应力和法、斜射法和剪应力差法。

1. 主应力和法

式（1-15-1）确定了主应力的差 $\sigma_1-\sigma_2$，如果能得到主应力和 $\sigma_1+\sigma_2$，问题就会迎刃而解。
（1）采用全息光弹性实验可以得到模型的主应力和曲线，即等和线

$$\sigma_1 + \sigma_2 = \frac{n_p f_p}{h} \tag{1-15-2}$$

联合式（1-15-1）和式（1-15-2）与主方向 φ，即可求解 $\sigma_1, \sigma_2, \varphi$。
（2）采用求解拉式方程法也可以得到主应力和，在不计体积力的影响下，模型内部各点主

应力满足拉伸方程,在边界条件已知的情况下,求解式(1-15-3)可得到各点的主应力和。

$$\nabla^2(\sigma_1 + \sigma_2) = 0 \tag{1-15-3}$$

式中,∇^2 为拉普拉斯算子,即 $\nabla = \left(\dfrac{\partial^2}{\partial x^2} + \dfrac{\partial^2}{\partial y^2}\right)$。

(3) 确定主应力和的方法还有横向伸长法和电场比拟法等。

2. 斜射法

斜射法是采用光弹性实验方法通过补充一个斜射方向的等差线条纹级数,与式(1-15-1)联立求解出 σ_1, σ_2。斜射法得到的等差线方程为

$$\begin{cases} \sigma_1^2 \cos\theta - \sigma_2 = n_\theta \dfrac{f}{h} \cos\theta \\ \sigma_1 - \sigma_2^2 \cos\gamma = n_\gamma \dfrac{f}{h} \cos\gamma \end{cases} \tag{1-15-4}$$

式中,θ 和 γ 分别表示绕 σ_2 轴和 σ_1 轴旋转时的斜射角,n_θ 和 n_γ 分别表示相应的条纹级数。式(1-15-4)中的任一个方程与式(1-15-1)联立均可求解出 σ_1, σ_2。

3. 剪应力差法

剪应力差法是利用光弹性实验得到的等差线和等倾线,与平面弹性力学问题中的平衡方程来确定出模型中的应力分布的方法。

平面应力状态的单元体上任一斜截面上的剪应力 τ_{xy} 为

$$\tau_{xy} = \dfrac{\sigma_1 - \sigma_2}{2} \sin 2\varphi \tag{1-15-5}$$

将式(1-15-1)代入式(1-15-5)可得

$$\tau_{xy} = \dfrac{1}{2} \dfrac{nf}{h} \sin 2\varphi \tag{1-15-6}$$

至此,模型中的任一点剪应力可由等倾线和等差线得到。

不计体积力时,弹性理论平面问题的平衡方程为

$$\begin{cases} \dfrac{\partial \sigma_x}{\partial x} + \dfrac{\partial \tau_{xy}}{\partial y} = 0 \\ \dfrac{\partial \tau_{xy}}{\partial x} + \dfrac{\partial \sigma_y}{\partial y} = 0 \end{cases} \tag{1-15-7}$$

将式(1-15-7)中第一个方程取出,得到

$$\dfrac{\partial \sigma_x}{\partial x} = -\dfrac{\partial \tau_{xy}}{\partial y} \tag{1-15-8}$$

如图 1-15-1 所示,由 $i-1$ 点到 i 点,式(1-15-8)两边对 x 积分,得到

$$(\sigma_x)_i - (\sigma_x)_{i-1} = -\int_{i-1}^{i} \dfrac{\partial \tau_{xy}}{\partial y} dx \tag{1-15-9}$$

积分的几何意义表示曲边梯形的面积,并将式(1-15-9)中的微分用差分表示,因此式(1-15-9)可写为

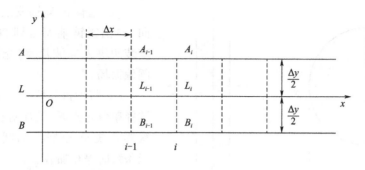

图 1-15-1　剪应力差法计算网格

$$(\sigma_x)_i = (\sigma_x)_{i-1} - \left[\left(\frac{\Delta \tau_{xy}}{\Delta y}\right)_i + \left(\frac{\Delta \tau_{xy}}{\Delta y}\right)_{i-1}\right]\frac{\Delta x}{2} \quad (1\text{-}15\text{-}10)$$

式中，$\dfrac{\Delta \tau_{xy}}{\Delta y}$ 表示切应力 $\Delta \tau_{xy}$ 在 y 方向的变化率，即

$$\begin{cases} \left(\dfrac{\Delta \tau_{xy}}{\Delta y}\right)_i = \left(\dfrac{\tau_{xy}^A - \tau_{xy}^B}{\Delta y}\right)_i = \dfrac{(\tau_{xy}^A)_i - (\tau_{xy}^B)_i}{\Delta y} \\ \left(\dfrac{\Delta \tau_{xy}}{\Delta y}\right)_{i-1} = \left(\dfrac{\tau_{xy}^A - \tau_{xy}^B}{\Delta y}\right)_{i-1} = \dfrac{(\tau_{xy}^A)_{i-1} - (\tau_{xy}^B)_{i-1}}{\Delta y} \end{cases} \quad (1\text{-}15\text{-}11)$$

将式(1-15-11)代入式(1-15-10)可得

$$(\sigma_x)_i = (\sigma_x)_{i-1} - \left[(\tau_{xy}^A)_i - (\tau_{xy}^B)_i + (\tau_{xy}^A)_{i-1} - (\tau_{xy}^B)_{i-1}\right]\frac{\Delta x}{2\Delta y} \quad (1\text{-}15\text{-}12)$$

式(1-15-12)说明，为了求解 L_i 点的正应力 $(\sigma_x)_i$，需要 L_{i-1} 的正应力 $(\sigma_x)_{i-1}$ 和 A_i 点、A_{i-1} 点、B_i 点、B_{i-1} 点的切应力 $(\tau_{xy}^A)_i,(\tau_{xy}^A)_{i-1},(\tau_{xy}^B)_i,(\tau_{xy}^B)_{i-1}$，根据式(1-15-6)，模型上任一点的切应力 τ_{xy} 可以由等倾线和等差线得到，因此只需要得到 L_{i-1} 的正应力 $(\sigma_x)_{i-1}$ 即可完成 L_i 点的正应力 $(\sigma_x)_i$ 求解。因此，在实际求解过程中，需要根据物体的实际受力情况选择一个已知正应力 $(\sigma_x)_{i-1}$ 的点作为原点 $(\sigma_x)_0$ 开始，逐步求解出 $(\sigma_x)_i$。之后，根据弹性力学公式可得

$$(\sigma_y)_i = (\sigma_x)_i - (\sigma_1 - \sigma_2)\cos 2\varphi \quad (1\text{-}15\text{-}13)$$

将式(1-15-1)代入式(1-15-13)可得

$$(\sigma_y)_i = (\sigma_x)_i - \frac{nf}{h}\cos 2\varphi \quad (1\text{-}15\text{-}14)$$

即可逐步求解出 $(\sigma_y)_i$。至此模型上任一点的应力状态，$\sigma_x,\sigma_y,\tau_{xy}$ 均可求解。

式(1-15-8)~式(1-15-14)是通过先求解 σ_x 再求解 σ_y 的方式得到模型的应力状态。同理，在式(1-15-7)中取出第二个方程，两边对 y 积分，重复式(1-15-8)~式(1-15-14)的过程，则变成了通过先求解 σ_y 再求解 σ_x 的方式得到模型的应力状态。

四、实验步骤与实验数据记录

(1)对于图 1-15-2 所示的圆盘，测量其直径、厚度，记录于表 1-15-2 中。

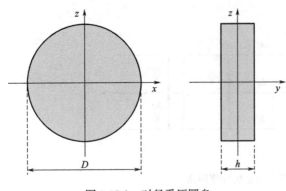

图 1-15-2　对径受压圆盘

(2) 起偏镜镜轴安装到 0°，即 x 方向，检偏镜镜轴安装到 90°，即 y 方向。安装两块 $\lambda/4$ 波片，将光场布置为正交圆偏振场。

(3) 将圆盘放置于正交圆偏振场中，选择单色光光源，施加对径受压载荷，观察等差线变化情况，当圆盘中心出现三级条纹时停止加载。

(4) 记录三级条纹对应的载荷、条纹级数、光源颜色于表 1-15-2 中。

(5) 拍摄等差线照片，打印后粘贴于图 1-15-3 中。

(6) 将正交圆偏振场中的两块 $\lambda/4$ 波片取下，即可将正交圆偏振场更换为正交平面偏振场。

(7) 减小载荷，观察条纹的变化，当等差线消失，仅仅出现等倾线时即可，这时载荷不太大，仅仅出现等倾线，不出现等差线。

(8) 拍摄等倾线照片，此时等倾线角度为 0°。

(9) 同步逆时针转动起偏镜和检偏镜，转动角度为 15°，拍摄等倾线照片，此时的等倾线为 15°等倾线。

(10) 重复步骤(9)，拍摄 30°，45°，60°，75°等倾线。

(11) 将拍摄的等倾线图打印后粘贴于图 1-15-4~图 1-15-9 中。

(12) 关闭仪器，将所用实验仪器放回原位。

表 1-15-2　实验数据记录

D/mm	h/mm	F/N	n	光源颜色

图 1-15-3　对径受压圆盘等差线图　　　　图 1-15-4　0°等倾线

图 1-15-5　15°等倾线　　　　　　图 1-15-6　30°等倾线

图 1-15-7　45°等倾线　　　　　　图 1-15-8　60°等倾线

五、仿真实验

（1）运行实验应力分析仿真实验软件，单击"对径受压圆盘应力分析"按钮，进入"对径受压圆盘应力分析"仿真实验界面，如图 1-15-10 所示。

（2）在"厚度 h：mm"右边的文本框中输入试件厚度，单位为 mm；在"直径 D：mm"右边的文本框中输入试件直径，单位为 mm；在"载荷 F：N"右边的文本框中输入载荷，单位为 N，输入的载荷代表了在圆盘上加载的载荷。

（3）在"光源"位置，设置了三种光源可供选择，仿真实验时可根据需要选择红光、黄光或蓝光。

图 1-15-9　75°等倾线

（4）单击"等差线"按钮，软件界面仿真出对应的等差线条纹，如图 1-15-11 所示。

（5）在"等倾线：°"右边的文本框中输入等倾线角度，单位为°，代表实验过程中的等倾线角度，设置好等倾线角度后，单击"等倾线"按钮，即可仿真出对应角度的等倾线，如图 1-15-12 所示。

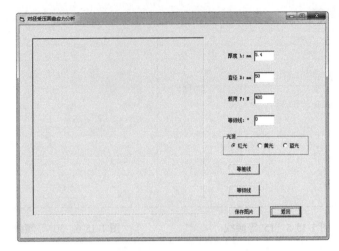

图 1-15-10　对径受压圆盘应力分析仿真实验界面

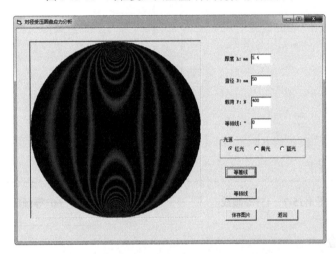

图 1-15-11　对径受压圆盘应力分析仿真实验结果

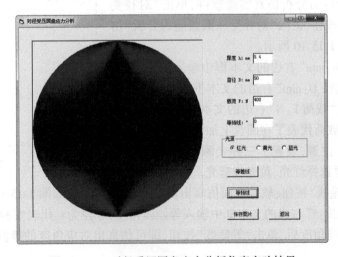

图 1-15-12　对径受压圆盘应力分析仿真实验结果

（6）单击"保存图片"按钮，可以将软件仿真的等差线、等倾线保存为 jpg 格式的图片。保存位置为仿真软件所在的文件夹，文件名默认为"1.jpg"，因此在使用保存图片操作后，需要修改图片的文件名，以方便使用。

（7）记录完所有数据后，单击软件界面的"返回"按钮，返回仿真软件主界面，单击"结束"按钮，退出仿真软件。

六、实验数据分析

根据记录的等差线、等倾线，应用剪应力差法分析圆盘 x 正半轴的应力，在 x 正半轴，以圆心为起点，均匀取六个点，分析其应力，记录于表 1-15-3 中。

表 1-15-3 x 正半轴六个点的应力   单位：MPa

选点序号	σ_x	σ_y	τ_{xy}
1			
2			
3			
4			
5			
6			

七、思考题

（1）圆盘尺寸与载荷不变，仅仅改变光源颜色，等差线级数是否会改变？

（2）圆盘尺寸与载荷不变，仅仅改变光源颜色，等倾线是否会改变？

实验十六　应力集中系数测量

光弹性实验方法是全域性实验方法，直观性强，能有效和准确地确定结构或零件的应力集中。

一、实验目的

掌握应用光弹性实验方法测量应力集中系数。

二、实验仪器

实验用到的仪器见表 1-16-1。

表 1-16-1 实验仪器

序　号	名　　称
1	光弹仪
2	开孔方板光弹试样
3	游标卡尺

三、实验原理

对于截面尺寸有急剧变化的构件,例如,有开孔、沟槽、肩台和螺纹的构件,在截面突变处,横截面上的应力不再均匀分布。在孔槽等附近,应力急剧增加;距离孔槽相当距离后,应力又趋于均匀。这种在局部区域应力突然增大的现象,称为应力集中。

如图 1-16-1 所示,开孔方板在受力后,孔的周围会出现应力集中现象。假设距离圆孔足够远的截面上应力均匀分布,其应力可按照材料力学公式求解

$$\sigma_m = \frac{F}{A} \tag{1-16-1}$$

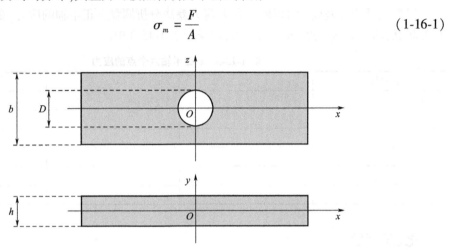

图 1-16-1　开孔方板光弹试样示意图

在孔的周边,可采用光弹性实验方法测量其最大应力 σ_{max},测量方法是将开孔方板置于正交圆偏振场中,施加载荷,观察孔周边等差线的变化情况。假设孔边出现了第 n 级等差线,应用式(1-16-2)可以得到孔周边的最大应力[式(1-16-2)的来源参考本书实验十四]。

$$\sigma_1 - \sigma_2 = \frac{nf}{h} \tag{1-16-2}$$

在应用式(1-16-2)时,由于在孔边,其 $\sigma_2 = 0$,因此式(1-16-2)中 σ_1 的即为孔周边的最大应力,即

$$\sigma_{max} = \frac{nf}{h} \tag{1-16-3}$$

应力集中系数 k 定义为孔周边的最大应力与平均应力的比值,即

$$k = \frac{\sigma_{max}}{\sigma_m} = \frac{nfA}{Fh} \tag{1-16-4}$$

四、实验步骤与实验数据记录

(1)对于图 1-16-1 所示的开孔方板,测量其宽度、厚度、孔径,记录于表 1-16-2 中。

(2)起偏镜镜轴安装到 0°,即 x 方向,检偏镜镜轴安装到 90°,即 y 方向。安装两块 $\frac{1}{4}\lambda$ 波片,将光场布置为正交圆偏振场。

(3)将开孔方板放置于正交圆偏振场中,选择单色光光源,施加载荷,观察等差线变化情况,当孔周边出现二级条纹时停止加载。

(4)记录二级条纹对应的载荷与条纹级数于表 1-16-2 中。

(5)拍摄等差线照片,打印后粘贴于图 1-16-2 中。

(6)关闭仪器,将所用的实验仪器放回原位。

表 1-16-2　实验台参数

b/mm	h/mm	D/mm	F/N	n	光源颜色

图 1-16-2　开孔方板等差线图

五、仿真实验

(1)运行实验应力分析仿真实验软件,单击"应力集中系数测量"按钮,进入"应力集中系数测量"仿真实验界面,如图 1-16-3 所示。

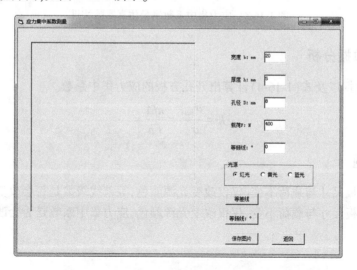

图 1-16-3　应力集中系数测量实验仿真软件界面

(2)在"宽度 b:mm"右边的文本框里输入试件宽度,单位为 mm;在"厚度 h:mm"右边的文本框里输入试件厚度,单位为 mm;在"孔径 D:mm"右边的文本框里输入圆孔直径,单位为 mm;在"载荷 F:N"右边的文本框里输入载荷,单位为 N,输入的载荷代表了在开孔方板上加载的载荷。

(3)在"光源"位置,设置了三种光源可供选择,仿真实验时可根据需要选择红光、黄光或蓝光。

(4)单击"等差线"按钮,软件界面仿真出对应的等差线条纹,如图 1-16-4 所示。

(5)单击"保存图片"按钮,可以将软件仿真的等差线保存为 jpg 格式的图片。保存位置为仿真软件所在的文件夹,文件名默认为"1.jpg",因此在使用保存图片操作后,需要修改图片的文件名,以方便使用。

(6)记录完所有数据后,单击软件界面的"返回"按钮,返回仿真软件主界面,单击"结束"按钮,退出仿真软件。

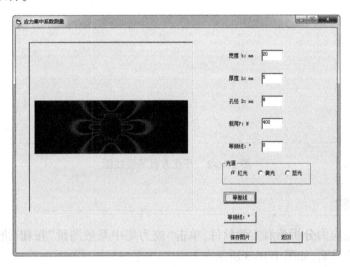

图 1-16-4　应力集中系数测量仿真实验结果

六、实验数据分析

根据实验数据以及式(1-16-4)计算出开孔方板的应力集中系数。

$$k = \frac{\sigma_{\max}}{\sigma_m} = \frac{nfA}{Fh} =$$

七、思考题

(1)开孔方板尺寸与载荷不变,仅仅改变光源颜色,等差线级数是否会改变?

(2)开孔方板尺寸与载荷不变,仅仅改变光源颜色,应力集中系数是否会改变?

第二篇　实验报告

　　实验报告是实验工作的总结,通过对实验报告的书写,可以提高实验者分析问题、解决问题的能力,实验报告必须独立完成。实验报告要求原始数据记录完整、可靠,不得有虚假数据,根据实验数据对实验现象进行分析,并提出自己的观点。实验报告应包括以下内容:

　　(1)实验人员姓名、学号、班级、指导教师与实验日期。
　　(2)实验名称。
　　(3)实验目的、使用的仪器与耗材。
　　(4)实验原始数据记录,原始数据记录必须完整、真实。实验原始数据记录宜采用表格形式,填入相应的测量数据。
　　(5)实验数据分析。实验完成后,要根据记录的原始数据,应用理论公式计算出所需要的实验结果,实验结果的表示应根据具体情况决定采用何种形式表达出来,常用的形式有列表、绘图以及经验公式。

实验应力分析实验报告

姓　　名：_____　　学　　号：_____　　成　　绩：_____
班　　级：_____　　指导教师：_____　　实验日期：_____

实验一　Origin 绘图

一、实验目的

二、实验软件

表 2-1-1　实验软件

序　号	名　　称
1	

三、实验数据

图 2-1-1　单曲线散点图

图 2-1-2　单曲线点线图

图 2-1-3　单曲线折线图

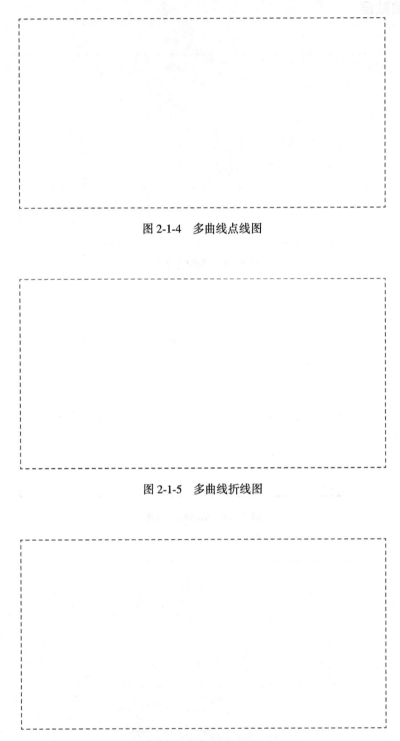

图 2-1-4　多曲线点线图

图 2-1-5　多曲线折线图

图 2-1-6　点线图与函数图

实验应力分析实验报告

姓　　名:_____　　学　　号:_____　　成　　绩:_____
班　　级:_____　　指导教师:_____　　实验日期:_____

实验二　应用 MATLAB 拟合经验公式

一、实验目的

二、实验软件

表 2-2-1　实验软件

序　号	名　　称
1	

三、实验数据

图 2-2-1　拟合一次函数图

图 2-2-2　拟合二次函数图

图 2-2-3　拟合指数函数图

图 2-2-4　拟合正弦函数图

实验应力分析实验报告

姓　　名：_____　　学　　号：_____　　成　　绩：_____
班　　级：_____　　指导教师：_____　　实验日期：_____

实验三　电阻应变测量技术

一、实验目的

二、实验仪器

表 2-3-1　实验仪器

序　号	名　称
1	
2	
3	
4	

三、实验数据

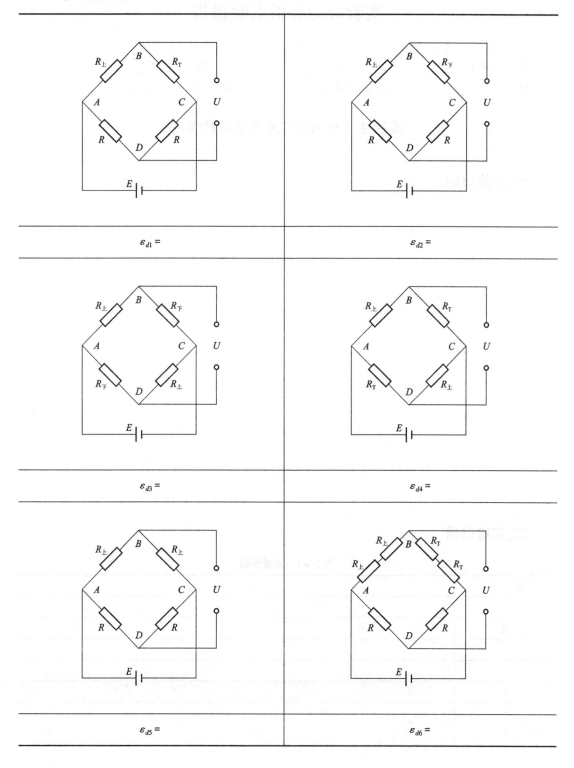

实验应力分析实验报告

姓　　名：_____　　学　　号：_____　　成　　绩：_____
班　　级：_____　　指导教师：_____　　实验日期：_____

实验四　电阻应变片灵敏系数测定

一、实验目的

二、实验仪器

表 2-4-1　实验仪器

序　号	名　称
1	
2	
3	
4	
5	
6	
7	

三、实验数据

表 2-4-2　实验台参数

L/mm	h/mm	$K_{仪}$

表 2-4-3　应变仪读数与挠度数据记录

组　别	$\varepsilon_{仪}/\mu\varepsilon$	f_B/mm
第一组		
第二组		
第三组		
第四组		
第五组		
第六组		
第七组		
第八组		
第九组		
第十组		
平均值		
标准差		

四、实验数据分析

电阻应变片灵敏系数为

$$K = \frac{\Delta R/R}{\varepsilon_L} = \frac{L^2 K_{仪}\, \varepsilon_{仪}}{h f_B} =$$

实验应力分析实验报告

姓　　名：_____　　学　　号：_____　　成　　绩：_____
班　　级：_____　　指导教师：_____　　实验日期：_____

实验五　电阻应变片横向效应系数测定

一、实验目的

二、实验仪器

表 2-5-1　实验仪器

序　号	名　称
1	
2	
3	
4	

三、实验数据

表 2-5-2　应变数据记录/$\mu\varepsilon$

组　　别	$\varepsilon_{仪1}$	$\varepsilon_{仪2}$
第一组		
第二组		
第三组		
第四组		
第五组		
第六组		
第七组		
第八组		
第九组		
第十组		
平均值		
标准差		

四、实验数据分析

电阻应变片横向效应系数为

$$H = \frac{\varepsilon_{仪_2} + \mu\varepsilon_{仪_1}}{\varepsilon_{仪_1} + \mu\varepsilon_{仪_2}} =$$

实验应力分析实验报告

姓　　名：_____　　学　　号：_____　　成　　绩：_____
班　　级：_____　　指导教师：_____　　实验日期：_____

实验六　等强度梁应力研究

一、实验目的

二、实验仪器

表 2-6-1　实验仪器

序号	名称
1	
2	
3	
4	
5	

三、实验数据

表 2-6-2　等强度梁几何尺寸　　　　　　　　　　　　　　　　　　　单位：mm

L_1	L_2	L	b_1	b_2

表 2-6-3　实验测置的应变值/$\mu\varepsilon$

组　别	ε_1	ε_2	ε_3	ε_4	ε_5	ε_6
第一组						
第二组						
第三组						
第四组						
第五组						
平均值						
标准差						

四、实验数据分析

(1) 梁的尺寸是否满足等强度梁的条件？

(2) 梁的应变是否满足等强度梁的条件？

实验应力分析实验报告

姓　　名：_____　　学　　号：_____　　成　　绩：_____
班　　级：_____　　指导教师：_____　　实验日期：_____

实验七　电阻应变片粘贴技术

一、实验目的

二、实验仪器与耗材

表 2-7-1　实验仪器与耗材

序　号	名　称
1	
2	
3	
4	
5	
6	
7	
8	
9	

三、粘贴完成后的应变片照片

图 2-7-1　应变片粘贴实验整体照片

图 2-7-2　纵向应变片照片　　　　图 2-7-3　横向应变片照片

实验应力分析实验报告

姓　　名：_____　　学　　号：_____　　成　　绩：_____
班　　级：_____　　指导教师：_____　　实验日期：_____

实验八　等量加载法测量材料常数——轴向拉伸

一、实验目的

二、实验仪器

表 2-8-1　实验仪器

序　号	名　称
1	
2	
3	
4	
5	

三、实验数据

直径：$d=$ _____ mm　　　　长度：$L=$ _____ mm

表 2-8-2　实验数据记录

F/kN	σ/MPa	$\varepsilon_{纵}/\mu\varepsilon$	$\varepsilon_{横}/\mu\varepsilon$
0			
2			
4			
6			

续上表

F/kN	σ/MPa	$\varepsilon_纵$/$\mu\varepsilon$	$\varepsilon_横$/$\mu\varepsilon$
8			
10			
12			
14			
16			
18			

四、实验数据分析

（1）根据表 2-8-2 记录的数据，绘制应力-纵向应变图，并采用拟合直线的方法，给出材料的弹性模量 E。

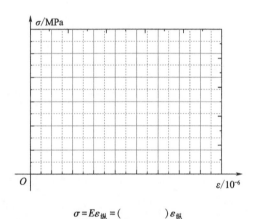

$\sigma = E\varepsilon_纵 = ($ $)\varepsilon_纵$

图 2-8-1 应力-纵向应变

（2）根据表 2-8-2 记录的数据，绘制横向应变-纵向应变图，并采用拟合直线的方法，给出材料的泊松比 μ。

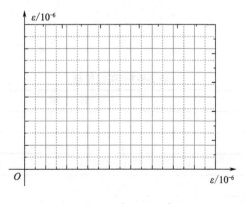

$\varepsilon_横 = -\mu\varepsilon_纵 = -($ $)\varepsilon_纵$

图 2-8-2 横向应变-纵向应变

实验应力分析实验报告

姓　　名：_____　　学　　号：_____　　成　　绩：_____
班　　级：_____　　指导教师：_____　　实验日期：_____

实验九　偏心压缩

一、实验目的

二、实验仪器

表 2-9-1　实验仪器

序　号	名　　称
1	
2	
3	
4	
5	

三、实验数据

直径：$D = $ _____ mm   纵向压力：$F = $ _____ kN

表 2-9-2　实验数据记录/$\mu\varepsilon$

组别	1	2	3	4	5	6	7	8	A	B	C	D
第一组												
第二组												
第三组												
第四组												
第五组												
平均值												
标准差												

四、实验数据分析

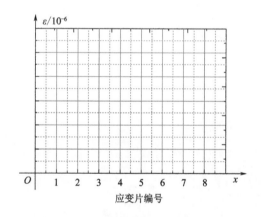

图 2-9-1　圆柱侧表面纵向应变分布规律

试件纵向应变所满足的方程式、弹性模量、泊松比、纵向压力作用点与横截面上的弯矩。

$\varepsilon = ($ _____ $) + ($ _____ $)x + ($ _____ $)y$

$E = $ _____ $\mu = $ _____

压力作用点坐标：（_____ , _____）

横截面上的弯矩：

$M_x = $ _____ $M_y = $ _____

实验应力分析实验报告

姓　　名：_____　　学　　号：_____　　成　　绩：_____
班　　级：_____　　指导教师：_____　　实验日期：_____

实验十　平面应力状态测量——主方向已知

一、实验目的

二、实验仪器

表 2-10-1　实验仪器

序　号	名　　称
1	
2	
3	
4	

三、实验数据

表 2-10-2 扭转实验台参数

L/mm	D/mm	d/mm	E/GPa	μ

表 2-10-3 平面应力状态实验数据记录/$\mu\varepsilon$

组　别	$\varepsilon_{-45°}$	$\varepsilon_{45°}$
第一组		
第二组		
第三组		
第四组		
第五组		
平均值		
标准差		

四、实验数据分析

表 2-10-4 平面应力状态实验结果

数　据	$\sigma_{\max}$/MPa	$\sigma_{\min}$/MPa
实验值		
理论值		
绝对误差		
相对误差/%		

实验应力分析实验报告

姓　　名：_____　　学　　号：_____　　成　　绩：_____
班　　级：_____　　指导教师：_____　　实验日期：_____

实验十一　平面应力状态测量——主方向未知

一、实验目的

二、实验仪器

表 2-11-1　实验仪器

序　号	名　称
1	
2	
3	
4	

三、实验数据

表 2-11-2　弯扭组合实验台参数

L_1/mm	L_2/mm	D/mm	d/mm	E/GPa	μ

表 2-11-3　平面应力状态实验数据记录/$\mu\varepsilon$

组　别	$\varepsilon_{-45°}$	$\varepsilon_{0°}$	$\varepsilon_{45°}$
第一组			
第二组			
第三组			
第四组			
第五组			
平均值			
标准差			

四、实验数据分析

表 2-11-4　平面应力状态实验结果

数　据	$\sigma_{\max}/\text{MPa}$	$\sigma_{\min}/\text{MPa}$	$\alpha_0/(°)$
实验值			
理论值			
绝对误差			
相对误差/%			

实验应力分析实验报告

| 姓　　名： _____ | 学　　号： _____ | 成　　绩： _____ |
| 班　　级： _____ | 指导教师： _____ | 实验日期： _____ |

实验十二　弯扭组合变形内力分离

一、实验目的

二、实验仪器

表 2-12-1　实验仪器

序　号	名　称
1	
2	
3	
4	

三、实验数据

表 2-12-2 弯扭组合实验台参数

L_1/mm	L_2/mm	D/mm	d/mm	E/GPa	μ

表 2-12-3 应变实验数据/$\mu\varepsilon$

组　别	ε_{d1}	ε_{d2}
第一组		
第二组		
第三组		
第四组		
第五组		
平均值		
标准差		

四、实验数据分析

根据表 2-12-2 和表 2-12-3 的实验数据得到如下数据：

$\varepsilon_M =$

$\varepsilon_T =$

$M =$

$T =$

实验应力分析实验报告

姓　　名：_____　　学　　号：_____　　成　　绩：_____
班　　级：_____　　指导教师：_____　　实验日期：_____

实验十三　压弯组合变形内力分离

一、实验目的

二、实验仪器

表 2-13-1　实验仪器

序　号	名　　称
1	
2	
3	
4	

三、实验数据

直径：$D=$ _____ mm   弹性模量：$E=$ _____ GPa

表 2-13-2　应变数据记录/$\mu\varepsilon$

组　　别	ε_{d1}	ε_{d2}	ε_{d3}
第一组			
第二组			
第三组			
第四组			
第五组			
平均值			
标准差			

四、实验数据分析

根据表 2-13-2 的实验数据得到如下数据：

$\varepsilon_F =$

$\varepsilon_{90°}^{M_x} =$

$\varepsilon_{0°}^{M_y} =$

$F =$

$M_y =$

$M_x =$

实验应力分析实验报告

姓　　名：_____　　学　　号：_____　　成　　绩：_____
班　　级：_____　　指导教师：_____　　实验日期：_____

实验十四　光弹仪调整与材料条纹值标定

一、实验目的

二、实验仪器

表 2-14-1　实验仪器

序　号	名　称
1	
2	
3	

三、实验数据

表 2-14-2 实验数据记录

D/mm	h/mm	F/N	n	光源颜色

图 2-14-1 对径受压圆盘等差线图

四、实验数据分析

材料的条纹值为

$$f = \frac{8F}{n\pi D} =$$

实验应力分析实验报告

姓　　名：_____　　学　　号：_____　　成　　绩：_____
班　　级：_____　　指导教师：_____　　实验日期：_____

实验十五　对径受压圆盘应力分析

一、实验目的

二、实验仪器

表 2-15-1　实验仪器

序　号	名　　称
1	
2	
3	

三、实验数据

表 2-15-2　实验数据记录

D/mm	h/mm	F/N	n	光源颜色

1. 记录等差线

图 2-15-1　对径受压圆盘等差线图

2. 记录等倾线

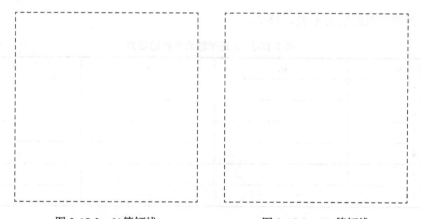

图 2-15-2　0°等倾线　　　　　　图 2-15-3　15°等倾线

图 2-15-4　30°等倾线　　　　　　图 2-15-5　45°等倾线

图 2-15-6　60°等倾线　　　　　图 2-15-7　75°等倾线

四、实验数据分析

x 正半轴六个点的应力见表 2-15-3。

表 2-15-3　x 正半轴六个点的应力　　　　　　　　　　　单位:MPa

选点序号	σ_x	σ_y	τ_{xy}
1			
2			
3			
4			
5			
6			

实验应力分析实验报告

姓　　名：_____　　学　　号：_____　　成　　绩：_____
班　　级：_____　　指导教师：_____　　实验日期：_____

实验十六　应力集中系数测量

一、实验目的

二、实验仪器

表 2-16-1　实验仪器

序　号	名　　称
1	
2	
3	

三、实验数据

表 2-16-2　实验台参数

b/mm	h/mm	D/mm	F/N	n	光源颜色

图 2-16-1　开孔方板等差线图

四、实验数据分析

开孔方板的应力集中系数为

$$k = \frac{\sigma_{\max}}{\sigma_m} = \frac{nfA}{Fh} =$$

参考文献

[1] 卢智先, 张霜银. 材料力学实验[M]. 北京:机械工业出版社, 2021.
[2] 李晨, 范钦珊. 材料力学[M]. 2版. 北京:机械工业出版社, 2022.
[3] 张天军, 韩江水, 屈钧利. 实验力学[M]. 西安:西北工业大学出版社, 2008.
[4] 刘鸿文. 材料力学Ⅰ[M]. 6版. 北京:高等教育出版社, 2017.
[5] 刘鸿文. 材料力学Ⅱ[M]. 6版. 北京:高等教育出版社, 2017.
[6] 于润伟, 朱晓慧. MATLAB基础及应用[M]. 5版. 北京:机械工业出版社, 2022.
[7] 陈余. 材料力学实验指导[M]. 北京:机械工业出版社, 2023.

参考文献